Bärenspinner
Seite 106/107

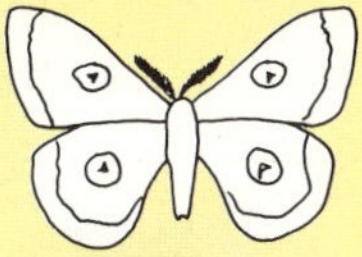

Augenspinner
Seite 108

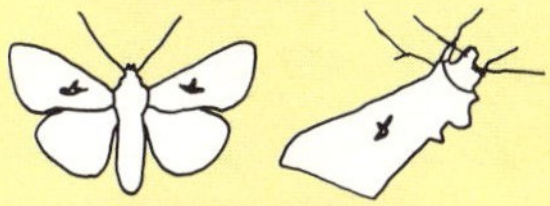

Eulenfalter
Seite 109/110

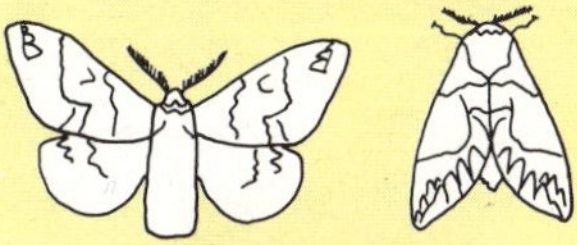

Frühlingsspinner
Seite 112/113

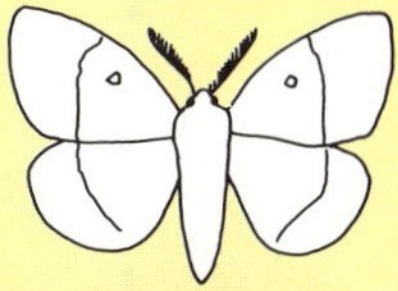

Glucken
Seite 111

Spanner
Seite 114/115

Federgeistchen
Seite 122/123

Widderchen
Seite 116–121

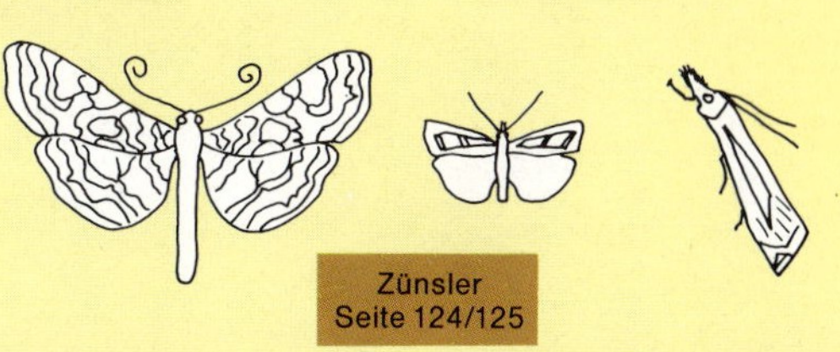

Zünsler
Seite 124/125

kosmos Naturführer

Welcher Schmetterling ist das?

Roland Gerstmeier

Falter, die am Tage fliegen

Mit 155 Farbfotos von Werner Zepf

Kosmos
Gesellschaft der Naturfreunde
Franckh'sche Verlagshandlung
Stuttgart

Mit 155 Farbfotos von Werner Zepf, 7 Farbzeichnungen von M. Golte-Bechtle, 8 Schwarzweißzeichnungen von M. Golte-Bechtle (1) und W. Söllner (7) und 7 Symbolen von M. Golte-Bechtle. Vor- und Nachsatzzeichnungen vom Autor.

Umschlaggestaltung Kaselow Design, München unter Verwendung einer Aufnahme von Werner Zepf
Das Bild zeigt einen Kleinen Fuchs (*Aglais urticae*)

CIP-Titelaufnahme der Deutschen Bibliothek

Gerstmeier, Roland:
Welcher Schmetterling ist das? : Falter, die am Tage fliegen / Roland Gerstmeier. Mit 155 Farbfotos von Werner Zepf. [Mit 7 Farbzeichn. von M. Golte-Bechtle ...]. – 2. Aufl.
– Stuttgart : Franckh, 1989
(Kosmos-Naturführer)
ISBN 3-440-05834-4

ISBN 3-440-05834-4
Printed in Italy / Imprimé en Italie
Satz: G. Müller, Heilbronn
Gesamtherstellung: Printer Trento s.r.l., Trento

Welcher Schmetterling ist das?

Vorwort

Am 4. Juni 1987 starteten die Naturschutz-Organisationen der Schweiz, Österreichs, Luxemburgs und der Bundesrepublik Deutschland ihre „Aktion Schmetterling“, um gemeinsam auf die Bedrohung unserer Tag- und Nachtfalter hinzuweisen. Ursachen dieser Gefährdung sind ständiges Wirtschaftswachstum verbunden mit Verknappung und Zerstörung von natürlichen bzw. naturnahen Landschaftsräumen. So wurden allein in diesem Jahrhundert 95% aller Feuchtgebiete trockengelegt und über 90% der Trocken- und Magerrasen vernichtet. Die meisten der Wiesenpflanzen, die die Nahrungsgrundlage unserer Falter und vor allem ihrer Raupen darstellen, wachsen fast ausschließlich auf stickstoffarmen Böden. Diese sind aber durch den Einsatz von Düngemitteln kaum mehr vorhanden. Die heute erstellten Roten Listen bedrohter Tierarten dokumentieren diese Vernichtungstätigkeit. Fast die Hälfte der heimischen Großschmetterlinge zählt somit zu den gefährdeten oder gar vom Aussterben bedrohten Arten. In vielen Fällen ist unser Wissen über vor kurzem ausgestorbene oder wahrscheinlich demnächst aussterbende Arten sehr gering. Auf der ganzen Welt rechnet man mit 150000 bis 200000 Schmetterlingsarten, wobei in Mitteleuropa nur etwas über 3000 Arten heimisch sind. Die Mehrzahl der Schmetterlinge findet sich in den Tropen und Subtropen.

Selbst alle 200 einheimischen, sogenannten „Tagfalter“ darstellen zu wollen, hätte den vorgegebenen Rahmen dieses Büchleins gesprengt, und so mußte eine Auswahl getroffen werden. Auf der einen Seite sollten die häufigsten Arten berücksichtigt werden, auf der anderen Seite wurde versucht, solche Arten aufzunehmen, die nicht schon vielfach in anderen Bestimmungsbüchern abgebildet sind.

Ziel dieses Buches ist es, den Laien in die interessante Welt der Schmetterlinge einzuführen, ihm eine gewisse Artenkenntnis tagfliegender Falter zu vermitteln, die Futterpflanzen der Raupen und die Ursachen der Gefährdung aufzuzeigen. „Nur was man kennt, kann man auch schützen.“

Die Nomenklatur folgt größtenteils nach HIGGINS & RILEY: „Die Tagfalter Europas und Nordwestafrikas“, wobei einige Neuerungen aufgenommen wurden. Es erschien aber nur verwirrend, jeder aktuellen Umgruppierung von Arten in andere Gattungen Rechnung zu tragen.

Möge dieses Buch einen kleinen Beitrag zum Wissen und Schutz unserer Schmetterlinge leisten.

München 1987

Dr. Roland Gerstmeier

Zu diesem  Buch

Im vorliegenden Naturführer wird eine Auswahl häufiger und auffallender, tagfliegender Schmetterlinge – die in der Bundesrepublik Deutschland von den Alpen bis zur Meeresküste vorkommen – abgebildet und beschrieben. Neben diesen häufigeren Arten werden aber auch Falter behandelt, die nur ein beschränktes Verbreitungsgebiet haben und/oder eher selten bzw. stark gefährdet sind.
Alle **Farbfotos** sind von lebenden Tieren – und zwar fast ausschließlich – in freier Natur aufgenommen, d. h. in ihrem typischen Lebensraum und mit ihrem charakteristischen Erscheinungsbild.
Die meisten Arten bevorzugen in Ruhestellung (z. B. beim Saugen an einer Blüte) eine bestimmte Flügelhaltung und zeigen dem Betrachter entweder die Unter- oder die Oberseite ihrer Flügel.
Diese können zusammengeklappt, leicht geöffnet oder weit gespreizt sein. Zudem sind sehr viele Schmetterlinge ausgesprochen agil, schwirren in unstetem Flug von Blüte zu Blüte und verweilen dort meist nur sehr kurze Zeit.
Bei der Fotoauswahl wurde versucht, nicht nur die schönsten, sondern auch die für eine Bestimmung aussagekräftigsten Bilder auszuwählen.
Sind deutliche Unterschiede zwischen den beiden Geschlechtern vorhanden, wird in der Beschreibung darauf hingewiesen, in manchen Fällen sind aber auch Männchen und Weibchen abgebildet oder verschiedene Generationen, z. B. Frühjahrs- und Sommergeneration.

Zur umfassenderen Information sind auch besondere Verhaltensweisen und in einigen Fällen die Entwicklungsstadien (Ei, Raupe oder Puppe) im Bild dargestellt.
Die **Umrißzeichnungen** auf dem Vor- und Nachsatz zeigen – stark vereinfacht – die typische Gestalt und Zeichnung der behandelten 18 Schmetterlingsfamilien, wobei die Größe der Abbildungen in keinster Weise maßstabsgetreu ist. Die Familiennamen sind farbig unterlegt, so daß mit Hilfe der Seitenangabe und einer entsprechend farbigen Griffleiste im Bestimmungsteil die einzelnen Vertreter sofort gefunden werden können.
Die **Symbole** über dem Farbfoto sollen auf einen Blick zeigen, in welchem Landschaftsgebiet sich der betreffende Schmetterling aufhält, wobei die verschiedensten Biotope vereinfachend zusammengefaßt werden mußten.
Es bedeutet:

Offenland

Wiesen (auch Trocken-, Halbtrocken- und Magerrasen), Heide, Brachland und Kulturland

Waldränder, lichte Wälder, Lichtungen, Waldwiesen, Gärten, Parklandschaften

Buschreiches Gelände, Hecken

Wald

Laubwald, Mischwald, Auen, feuchte Wälder, Bruchwald

Feuchtgebiete
feuchte Wiesen, Sumpfflächen, Moorwiesen, Hochmoore

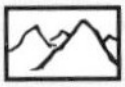

Gebirge
Alpen, Voralpengebiet

Wanderfalter
Aus dem Süden einwandernde Arten

Als flugfähige Insekten sind Schmetterlinge sehr bewegliche Tiere, die oft große Entfernungen überwinden können und deshalb auch mehr oder weniger zufällig in anderen Lebensräumen gefunden werden. Das vorstehende Schema sollte daher nicht als absolut unterscheidend angesehen werden!

24–29 mm

Größenangaben
Die Größenangabe in mm bezeichnet die Länge eines Vorderflügels

Die Angabe der Vorderflügellänge ist genauer als die vielfach verwendete Spannweite. Trotzdem gibt es in der Natur Exemplare, die die angegebenen Maße über- oder unterschreiten können.

§

Geschützte Art
Diese Art steht unter Artenschutz

Die **Texte** im Bestimmungsteil enthalten alles Wissenswerte zum Bestimmen und Kennenlernen der beschriebenen Schmetterlingsarten in übersichtlicher und leicht verständlicher Form:
Das Stichwort Aussehen ergänzt das Farbfoto mit Angaben über Färbung und Zeichnung sowie mit Hinweisen auf Geschlechtsunterschiede und ähnliche Arten.
Unter Vorkommen werden die Lebensraumtypen beschrieben, in denen sich diese Art regelmäßig aufhält. Bei einigen Arten wird auf besondere Verhaltensweisen sowie Verbreitung und Seltenheit hingewiesen.
Die Flugzeit gibt die Monate an, in denen die Falter fliegen und ob es sich um eine oder mehrere Generationen handelt. Auch diese Angaben können je nach Wetterlage variieren.
Unter dem Begriff Raupe wird das Larvenstadium beschrieben. In der Regel können die Raupen etwa einen Monat nach der Flugzeit der Falter beobachtet werden.
Bei Futterpflanzen werden die wichtigsten Fraßpflanzen der Raupe aufgezählt.
Der Abschnitt Puppe erläutert Aussehen und Vorkommen der Puppe. Die unterschiedlichen Puppenformen werden im Kapitel „Kleine Schmetterlingskunde“ beschrieben.
Der Begriff Überwinterung umfaßt die Überwinterungsart als Ei, Raupe, Puppe oder Falter. Nach Möglichkeit wurde versucht hier anzugeben, wo die einzelnen Stadien überwintern; in einigen Fällen ist dies allerdings nicht sicher bekannt, so daß dann die Angabe entfallen mußte.

Schmetterlinge bestimmen - leicht gemacht

Einen Schmetterling zu bestimmen ist nicht leicht, handelt es sich doch um sehr bewegliche Tiere, deren Merkmale man nur aus der Nähe richtig erkennen kann. Wer Schmetterlinge beobachten, bestimmen und vielleicht sogar fotografieren will, sollte die frühen Vormittagsstunden nützen, wenn die Falter noch nicht von der Sonne aufgeheizt sind, eher träge umherfliegen und längere Zeit an ihrem Standort verweilen. In diesem Fall kann man nahe herankommen und sich die wichtigsten Merkmale einprägen:

- Wie groß ist der Schmetterling?
- Welche Körper- und Flügelform hat er?
- Wie sind die Fühler gebaut?
- Wie ist er gefärbt?
- Wie sehen die Zeichnungsmuster auf seinen Flügeln aus?

Haben wir uns diese Merkmale möglichst gut eingeprägt, dann geht's ans Bestimmen.

So gehen wir vor:

- Auf den Umrißzeichnungen auf Vor- und Nachsatz dieses Buches suchen wir nun den passenden Körperumriß, achten auf die Zeichnungsmuster der Flügel und die Fühlerform.
- Wir suchen auf den unter der Umrißzeichnung angegebenen Seiten nach dem gefundenen Schmetterling, d.h. vergleichen Bilder und Texte mit unserem lebenden Exemplar.

Stimmen Größe, Färbung und Zeichnung?
Haben wir den Schmetterling auch in dem angegebenen Lebensraum gefunden?

Viele Schmetterlinge halten sich sehr lokal in einem Gebiet auf, so daß wir ein aufgescheuchtes Exemplar in einiger Entfernung wieder finden und unsere Bestimmung überprüfen können.

Kleine Schmetterlingskunde

Die Schmetterlinge, wissenschaftlich „Lepidoptera" („Schuppenflügler") genannt, gehören zur Klasse der Insekten und sind durch folgende typische Merkmale gekennzeichnet:

- Der Körper ist meist deutlich in 3 Abschnitte gegliedert: Kopf, Brust (Thorax) und Hinterleib (Abdomen)
- Der Kopf trägt die Sinnesorgane und den Saugrüssel
- Die Brust besteht aus 3 Segmenten, mit jeweils einem Paar Laufbeine. Am 2. und 3. Brustglied befinden sich zwei beschuppte Flügelpaare
- Der Hinterleib hat 10 Segmente und trägt die Begattungsorgane
- Die Entwicklung verläuft über eine vollständige Verwandlung, d.h. Ei-Larve (= Raupe) – Puppe – Schmetterling (Der erwachsene Falter wird auch *Imago* genannt.)

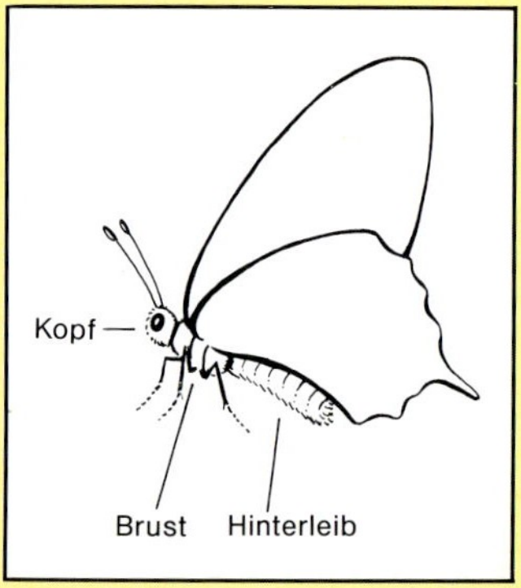

Der Körperbau eines Falters

Wie bereits gesagt, besteht der Körper eines Schmetterlings aus 3 Abschnitten, die im folgenden näher beschrieben werden.

Der Kopf

Am Kopf fallen neben den Fühlern die großen, halbkugeligen *Facetten-* oder *Komplexaugen* auf.

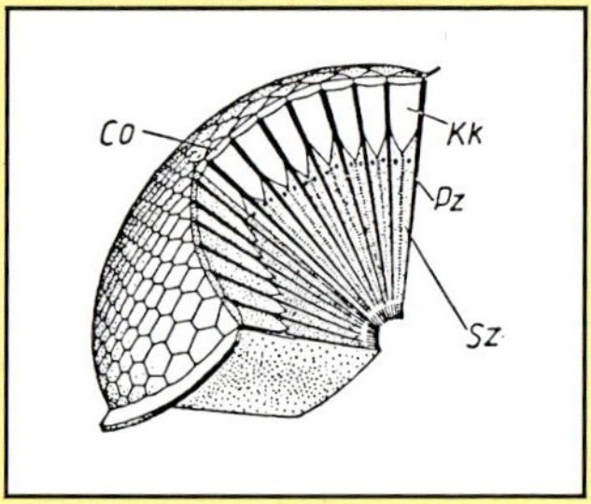

Schema eines Facettenauges
Co Hornhaut (Cornea)
Kk Kristallkegel
Pz Pigmentzellen
Sz Sehzellen

Sie sind aus mehreren hundert Einzelaugen zusammengesetzt und ermöglichen dem Falter die Wahrnehmung von Konturen und Bewegungen sowie die Unterscheidung von Farben.
Allerdings ist der Falter nicht in der Lage – wie wir Menschen –, seine gesamte Umgebung scharf zu erkennen, vielmehr setzt sich das Bild des wahrgenommenen Objektes mosaikartig aus zahlreichen Einzelpunkten zusammen. Falter, die in der Dämmerung oder nachts fliegen, haben ein abgewandeltes Komplexauge, bei dem die Lichtausnützung wesentlich verbessert ist (allerdings auf Kosten der Bildschärfe).
Über den Augen sitzen die *Fühler* (*Antennen*), die je nach Familie

ganz unterschiedlich ausgebildet sind und oft ein wichtiges Merkmal zur Bestimmung der Schmetterlingsfamilie darstellen.
Die Fühler sind aus vielen kleinen Gliedern zusammengesetzt, im einfachsten Fall fadenförmig oder aber mit keulenartigen Verdikkungen am Fühlerende (z. B. bei den sogenannten „Tagfaltern"), gekämmt oder gefiedert (viele sog. „Nachtfalter") und von unterschiedlicher Länge.
Die Fühler tragen eine Vielzahl von Sinnesorganen, die vor allem dem Geruchs- und Tastsinn dienen, also eine wichtige Rolle bei der Partnersuche und beim Auffinden der Nahrung spielen. Bei manchen „Nachtfaltern" sind die Fühler der Männchen anders (stärker gekämmt) als die der Weibchen (mehr fadenförmig).
Die ursprünglich kauenden Mundwerkzeuge (bei einigen primitiven Gruppen noch vorhanden) sind bei den höher stehenden Schmetterlingen zu einem *Saugrüssel* umgebildet, mit dessen Hilfe der Falter in der Lage ist, flüssige Nahrung (Blütennektar, Fruchtsäfte) aufzunehmen. Der Rüssel wird in Ruhestellung unter dem Kopf spiralig eingerollt und nur zum Saugen ausgestreckt. Während er bei bestimmten tropischen Nachtfaltern eine Länge von fast 30 cm erreichen kann, ist er bei manchen Arten rückgebildet, da diese Falter sich ganz von Nahrungsreserven ernähren können, die sie als Raupe angelegt und im Körper gespeichert haben. Solche Arten leben nur kurz, oft nur wenige Stunden, während die Blütenbesucher in der Regel einige bis mehrere Wochen (überwinternde Falter bis einige Monate) alt werden.

Die Brust

An der Unterseite der Brustsegmente sitzen 3 *Beinpaare*, die wiederum in Hüfte (Coxa), Schen-

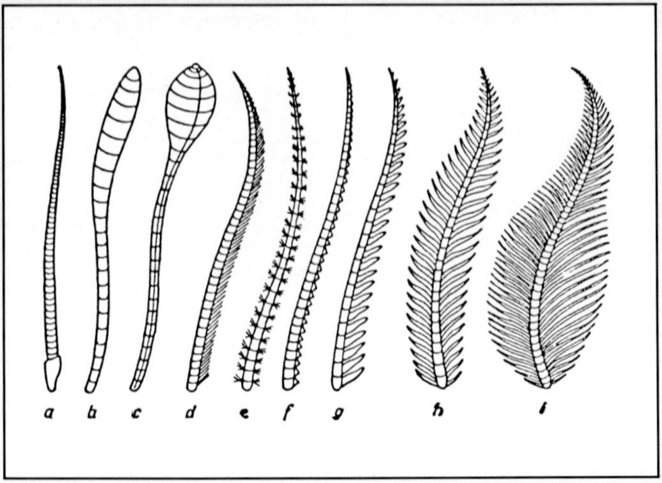

Verschiedene Fühlerformen
a borstenförmig, *b* kolbenförmig, *c* knopfförmig, *d* fein bewimpert, *e* mit Wimpernbüscheln, *f* pyramidenzähnig, *g* sägezähnig, *h* kammzähnig, *i* gefiedert

kelring (Trochanter), Schenkel (Femur), Schiene (Tibia) und Fuß (Tarsus) unterteilt sind. Der Fuß setzt sich aus 5 Gliedern zusammen, das letzte trägt 2 Krallen. Bei einigen Familien ist das vordere Beinpaar zu „Putzpfoten" rückgebildet und trägt Geschmackssinnesorgane.

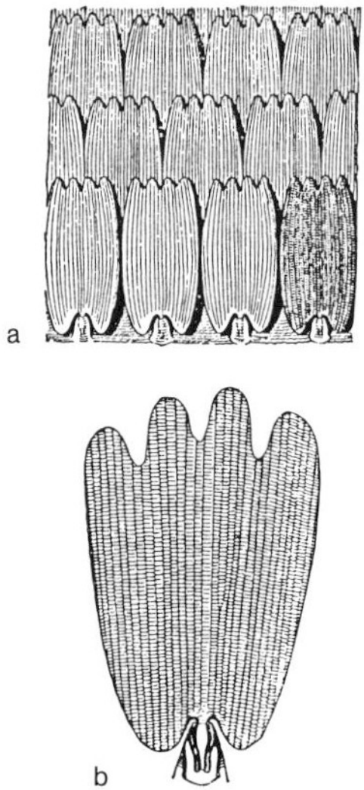

Flügelschuppen
a Dachziegelartige Anordnung der Schuppen auf den Flügeln
b einzelne Schuppe

Zu den auffallendsten Körperteilen der Schmetterlinge gehören natürlich die *Flügel.* Abgesehen von wenigen Ausnahmen stummelflügeliger Weibchen sind die 2 Vorder- und 2 Hinterflügel stets flächig ausgebildet und mit zahllosen, dachziegelartig angeordneten *Schuppen* bedeckt. Es handelt sich dabei um kleine Chitinplättchen (aus umgebildeten Haaren), die mit feinen Stielen in der häutigen Flügeloberfläche verankert sind und für die typische Färbung und Zeichnung jeder Schmetterlingsart verantwortlich sind.

Durch Ablagerung von Farbstoffen in den Schuppen entstehen die *Pigmentfarben,* die lichtempfindlich sind: intensive Lichtstrahlung bewirkt ein Verblassen. Diese „Verblassung" tritt vor allem bei älteren Faltern in Erscheinung, die zusätzlich durch Berührung einen Teil ihrer Schuppen verloren haben. *Strukturfarben* entstehen durch feinste Luftpolster im Lamellenbau der Schuppen, an denen das Licht gebrochen und reflektiert wird, was den blauen oder grünlichen Schiller bewirkt. Als weitere Sonderbildungen gibt es zu *Duftschuppen* umgewandelte Schuppen, die Lockstoffe für den Sexualpartner verbreiten.

Nun stellt sich die Frage, warum die meisten Schmetterlinge so wunderschön gefärbt und gezeichnet sind; werden sie dadurch nicht für ihre Feinde besonders auffällig? Hier gibt es verschiedene Faktoren zu berücksichtigen, u. a. auch die unterschiedliche Zeichnung und Färbung zwischen Ober- und Unterseite der Flügel. In erster Linie dienen Zeichnung und Färbung der Flügeloberseite als Signal bei der Partnersuche, aber auch als *Schrecktracht* gegenüber Angreifern, indem z. B. Augenflecke wirkungsvoll zur Abschreckung eingesetzt werden. Dagegen sind besonders Färbung und Zeichnung der Flügelunterseite in vielen Fällen der Umgebung angepaßt (wenn die Flügel zusammengeklappt sind), sie sieht z.B. wie Baumrinde aus. Diese *Tarntracht* schützt den ruhenden Falter vor Feinden. Als dritte Möglichkeit wird die *Warntracht* eingesetzt:

eine besonders auffällige, leuchtende Färbung signalisiert schlechten Geschmack, Ungenießbarkeit oder gar Giftigkeit. Vögel, die sich an solch einem Falter vergreifen, lassen sofort von ihm ab, wenn sie den üblen Geschmack spüren und werden sich hüten, jemals wieder ein derart gefärbtes Tier anzugreifen. Selbst wenn einzelne Falter zum Opfer fallen, trägt die Warntracht somit zur Arterhaltung bei. Da der Erfindungsreichtum im Tierreich unermeßlich ist, gibt es an sich genießbare Falter, die das Farbenmuster giftiger Arten nachahmen und dadurch den gleichen Schutz genießen. Diese Art der Nachahmung wird *Mimikry* genannt.

Die häutigen Flügelmembranen wären beim Fliegen zu instabil und sind deshalb mit Längs- und Queradern versteift. Anzahl und Anordnung dieser Adern ist für die systematische Abgrenzung der einzelnen Familien sehr wichtig. Auch Form und Schnitt der Flügel dienen als Bestimmungshilfe. Während breite, runde Flügel den gaukelnden Flug vieler „Tagfalter" verursachen, kennzeichnen die langen und schmalen Flügel die Schwärmer als rasante Langstreckenflieger.

Der Hinterleib

Der Hinterleib ist rein äußerlich der einheitlichste Abschnitt aller Schmetterlingsarten und besteht aus 10 Gliedern. Bei den Männchen sind aber die letzten beiden, bei den Weibchen die letzten 3 Segmente zu *Fortpflanzungs- (Kopulations-) Organen* umgebildet, deren Gestalt von den vorhergehenden Segmenten vollkommen verschieden ist. Anhand dieser Kopulationsorgane kann der Spezialist auch die besonders schwer unterscheidbaren Arten auseinanderhalten. Neben den Geschlechtsorganen und ihren Anhangsdrüsen enthält der Hinterleib den Darm mit den *Exkretionsorganen.*

Partnersuche und Eiablage

Die Hauptaufgabe der Falter besteht in der Fortpflanzung und Sicherung der Nachkommenschaft. Grundvoraussetzung dafür ist, daß sich Männchen und Weibchen auch finden, was bei einigen – oft kilometerweit getrennten Individuen – gar nicht so einfach ist. Wir haben ja schon gehört, daß Schmetterlinge eine Vielzahl von Sinnesorganen besitzen, die neben der Nahrungssuche vor allem der Partnerfindung dienen. Abgesehen von der optischen Orientierung bei der Partnersuche, finden die Männchen die Weibchen anhand der von diesen ausgeschiedenen Duftstoffe. Diese *Pheromone* (Sexuallockstoffe), die der Wind in die Umgebung verteilt, werden vom Männchen selbst über größere Entfernungen mit Hilfe der Fühler wahrgenommen. Auch die Männchen besitzen Sexualduftstoffe, die aber nicht der Anlockung dienen, sondern das Weibchen zur Begattung (*Kopulation*) stimulieren sollen.

Die Kopulation selbst verläuft auf sehr unterschiedliche Weise. Meist paaren sich Tagfalter nur in einer bestimmten Umgebung (z. B. Schwalbenschwanz auf Bergkuppen), andere stellen keine Ansprüche an ihre Umwelt und paaren sich auch in Gefangenschaft. Die Kopulation kann von sehr kurz, über einige Stunden bis zu zwei Tagen dauern. Während sich manche Arten nur einmal treffen, paaren sich andere Falter mehrmals, unterbrochen durch mehrtägige Pausen.

Die Eiablage erfolgt sofort nach der Paarung, das Weibchen legt die Eier an der Futterpflanze der

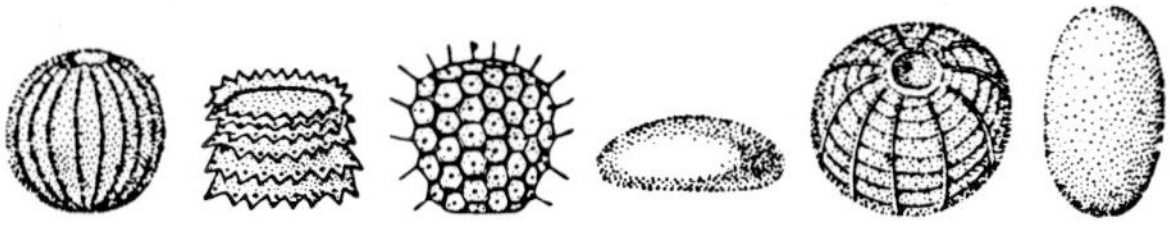

Verschiedene Eiformen

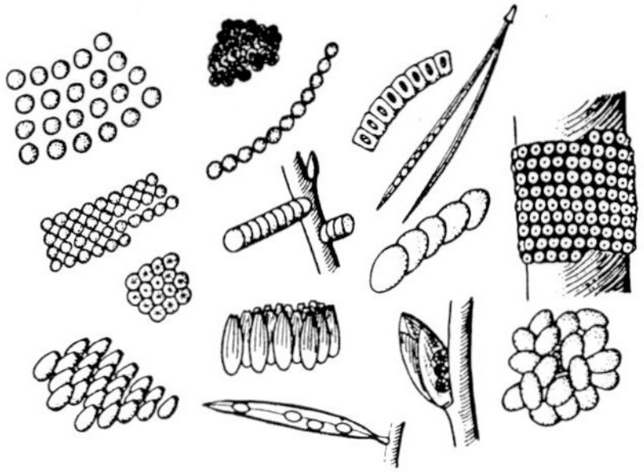

Verschiedene Gelegetypen
(aus Novak/Severa, Kosmos-Schmetterlingsführer)

Raupen ab. Die Eier werden einzeln, in kleine Gruppen oder in großen Gelegen (mehrere tausend Eier) abgelegt. Falterarten, deren Raupen an Gräser leben, streuen ihre Eier im Flug aus und lassen sie zu Boden fallen. Oft werden die Eier an die Blattunterseiten der Futterpflanzen geklebt.

Metamorphose

Unter *Metamorphose* versteht man in der Zoologie ganz allgemein die Entwicklung eines Tieres über ein oder mehrere Larvenstadien, wobei zusätzlich mit dem Wachstum auch eine mehr oder weniger ausgeprägte Formveränderung verbunden ist. Die Entwicklung der Schmetterlinge unterliegt einer *vollkommenen Verwandlung* (Holometabolie), d.h., aus dem Ei schlüpft eine Larve, die sich nach mehreren Häutungen verpuppt. Während der Puppenruhe erfolgt die Umwandlung zum Schmetterling. Die Puppe vermittelt also zwischen der völlig anders aussehenden Larve und der Imago. Im Gegensatz hierzu gleicht die Larve bei der *unvollkommenen* oder hemimetabolen *Verwandlung* schon weitgehend der Imago, ein Puppenstadium wie bei den Schmetterlingen fehlt (z.B. bei den Wanzen).

Das Ei

Im Ei, dem ersten Entwicklungsstadium der Schmetterlinge, beginnt der neue Lebenszyklus durch Umbildung der befruchteten Eizelle in die junge Raupe. Nicht nur die Anzahl der Eier eines Geleges, sondern auch Form, Größe, Färbung und Oberflächenstruktur sind von Art zu Art sehr verschieden.

Die Raupe

Die junge Raupe beißt die Eischale auf und schlüpft ins Freie. Ihre Aufgabe ist es, die nötigen Baustoffe für den sich später aus ihr entwickelnden Falter zu sam-

meln, d.h., sie ist ausschließlich zum Fressen und Wachsen da. Der Körper ist wurmartig, walzen-, flach- oder spindelförmig. Der stark chitinisierte Kopf besitzt zwei kräftige Kiefer (Mandibeln), die zum „Abnagen" der verschiedensten Teile der Futterpflanze dienen. Die Brustsegmente haben drei Paar kurze, gegliederte Beine; zusätzlich tragen die Hinterleibssegmente ungegliederte Bauchfüße, deren Zahl zwischen acht und einem Paar schwankt. Am vorletzten Segment befinden sich die paarigen Afterfüße oder Nachschieber. Die Bauchfüße sind mit Krallen versehen und ermöglichen eine so feste Anklammerung an die Futterpflanze, daß es oft sehr schwer ist, die Raupe davon abzulösen.

Die Haut der Raupen ist glatt bis körnig oder nackt. Vielfach ist sie behaart, mit Warzen oder Dornen besetzt und kann der Raupe ein bizarres Aussehen verleihen.

Aber auch in Färbung und Zeichnung der Raupen treffen wir eine unerschöpfliche Vielfalt an. Die

Verschiedene Raupenformen

Farbe der Raupe entsteht als Kombination aus der Färbung von Ober- und Unterhautschichten, in denen Farbpigmente eingelagert sind. Färbung und Zeichnung der Raupen dienen ausschließlich der Tarnung und Verteidigung, wobei viele Arten ausgesprochen erfinderisch sind. Die meisten Raupen sind in Form und Färbung bestens an ihre Futterpflanze angepaßt. Gras- und Nadelfresser sind grün, oft weißlich längsgestreift oder ahmen mit rotbraunen Köpfen kleine Knospen nach. Ungenießbare Arten signalisieren ihre Giftigkeit mit leuchtenden Farben oder sind markant schwarz-gelb gezeichnet (z. B. Blausäure enthaltende Widderchen). Zusätzlich zu ihrer guten Tarnung kann die Raupe des Gabelschwanzes z. B. zur Abschreckung Ameisensäure aus einer Kehldrüse verspritzen und rote Filamente aus ihren Schwänzen am Hinterleibsende hervortreten lassen. Raupen der Ritterfalter können eine Nackendrüse ausstülpen, die eine stark riechende Substanz ausscheidet und abschreckend wirkt.
Die schützende Haut der freßlustigen Raupe ist zwar dehnbar, wächst aber nicht mit, so daß sie dem rasch wachsenden Tier innerhalb kurzer Zeit zu eng wird – die Raupe platzt buchstäblich aus den Nähten. Sobald sich unter dem Schutz der alten Haut eine neue gebildet hat, platzt die alte auf und wird abgestreift (*Häutung*). In der Regel wiederholt sich dieser Vorgang vier- bis fünfmal in einem Raupenleben. Die meisten Raupen sind nach wenigen Wochen Freßzeit erwachsen, einige überwintern und fressen im nächsten Frühjahr weiter.
Hat die Raupe ihre endgültige Größe erreicht, sucht sie sich einen geeigneten Platz zum Verpuppen aus. Während sich viele Raupen der „Tagfalter" frei verpuppen, suchen sich die Nachtfalterraupen einen Unterschlupf oder fertigen ein schützendes Gespinst (*Kokon*) an.

Die Puppe

Die Puppen aller höher entwickelten Schmetterlinge sind *Mumienpuppen* (Pupa obtecta), d. h., alle Körperteile (Fühler, Beine, Flügel) sind wie bei einer Mumie an den Körper geklebt und unbeweglich. *Freigegliederte Puppen* (Pupa incompleta) kommen z. B. bei den Widderchen vor; ihre Extremitäten und Flügel sind zwar frei, aber unbeweglich.
Bei den Mumienpuppen unterscheidet man zwei, den „Tagfaltern" zugehörige Typen: die *Stürzpuppe* ist nur an ihrem Körperende mit einem Hakenkranz (Kremaster) befestigt und hängt mit dem Kopf nach unten. *Gürtelpuppen* stützen sich auf ihren Kremaster und sind mit einem Faden um

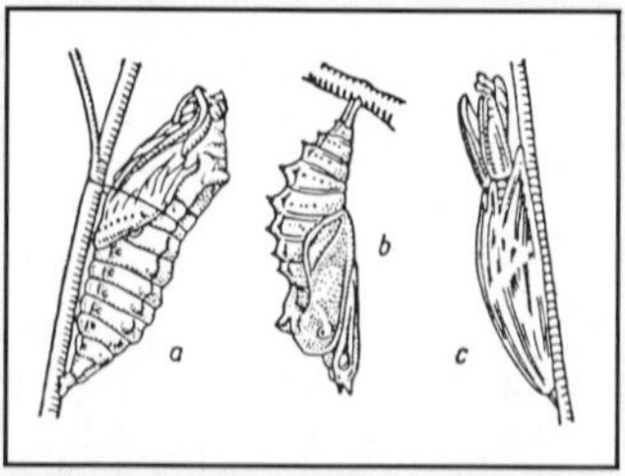

a Gürtelpuppe
b Stürzpuppe
c Kokon mit leerer Puppenhülle

die Körpermitte gesichert; sie hängen also aufrecht, mit dem Kopf nach oben. Der dritte Typ der Mumienpuppen liegt frei auf oder in der Erde (in Kammern) oder befindet sich in einem mehr oder weniger fest gesponnenen Gespinst (*Kokon*). Die äußere Bewegungslosigkeit während der Puppenruhe täuscht, denn im Inneren laufen tiefgreifende Umbildungsvorgänge ab: Die Organe der Raupe werden abgebaut, und dafür entwickeln sich die äußeren und inneren Organe des Falters.
Verantwortlich für diese Umwandlung in der Puppenhülle, aber auch für die einzelnen Larvalhäutungen ist das Wechselspiel eines *Häutungshormons* (Ecdyson) mit einem sogenannten *Juvenilhormon.* Hormone sind körpereigene Stoffe, die für Regulation und Koordination von Stoffwechselvorgängen verantwortlich sind. Im Larvenstadium sorgt eine hohe Konzentration von Juvenilhormon dafür, daß die vom Ecdyson ausgelöste Häutung eine Larvalhäutung ist und nicht zur Verpuppung führt. Von Häutung zu Häutung sinkt der Spiegel des Juvenilhormons, bei einem bestimmten niedrigen Wert erfolgt die Verpuppung sowie die Umbildung zum Falter. Schließlich induziert das Ecdyson dann praktisch alleine das Schlüpfen der Imago aus der Puppe. Bei vielen Arten überwintern die Puppen, bei anderen schlüpfen die Falter noch im selben Jahr aus der Puppenhülle.

Der Falter

Der eben geschlüpfte Schmetterling hängt noch mit krumpelig zusammengefalteten Flügeln an der leeren Puppenhülle. Die Flügel beginnen an der Luft zu trocknen und zu erhärten, und der Falter pumpt Blutflüssigkeit und Luft in sie. Das zunächst weiche und formbare *Chitin* erhärtet an der Luft, bleibt aber trotz hoher Belastbarkeit elastisch.
Alle Entwicklungsstadien – vom Ei bis zum Falter – sind beim Landkärtchen (S. 50/51) abgebildet.

Lebensweise und Verbreitung

Als Fluginsekten sind Schmetterlinge ausgesprochene Landbewohner; nur wenige Arten, deren Raupen im Wasser leben, stellen hier eine Ausnahme dar. Schmetterlinge haben fast alle Lebensräume besiedelt; ausgenommen sind Arktis und Antarktis sowie ausgedehnte Sandwüsten. Aber schon in kleinen Oasen oder Gebirgsstöcken mit geringem Wasservorkommen und Pflanzenwuchs können Schmetterlinge überleben.
Unter den Schmetterlingen gibt es Arten, die an verschiedenste Umweltbedingungen außerordentlich anpassungsfähig sind (sogenannte *Ubiquisten*), andere wiederum sind auf ganz bestimmte Landschaftsareale und Umweltfaktoren (Temperatur, Bodenverhältnisse, Nahrungspflanzen für Falter und Raupe) angewiesen, an die sie besonders gut angepaßt sind (*Ökologische Nische*). Die *Kulturfolger* (nur sehr wenige Arten) sind zu Bewohnern von Städ-

ten und Dörfern geworden. Aufgrund ihrer meist guten Flugeigenschaften sind sie in der Lage, neu entstandene, für sie günstige Biotope sehr schnell zu besiedeln. Wenn sich andererseits die Lebensbedingungen verschlechtern, können sie wegfliegen und auf andere Biotope ausweichen. Dies ist in der heutigen, zersiedelten Kulturlandschaft allerdings nur in begrenztem Maße möglich.

Neben den seßhaften einheimischen Schmetterlingsarten ziehen jährlich zahlreiche Falter aus Südeuropa und Nordafrika in unser Gebiet. Solche *Wanderfalter* pflanzen sich manchmal sogar bei uns fort, können hier aber nicht den Winter überdauern und sterben ab. Auch einige einheimische Arten wandern, bleiben aber im Gebiet. Einige wenige einheimische Falter sind in der Lage, den Winter als Falter zu überstehen (u. a. Tagpfauenauge, Kleiner Fuchs), aber generell ist die Lebensdauer des aktiven Falters auf ein paar Tage bis wenige Wochen begrenzt; ihre Flügel sind dann verschlissen, und die Lebenskraft ist verbraucht.

Viele Schmetterlinge fallen allerdings schon vorher ihren natürlichen Feinden zum Opfer, wobei in erster Linie *Vögel* zu nennen sind. So werden häufig schon die ersten Entwicklungsstadien, die Eier, Beute von Meisen, besonders, wenn sie an Baumstämmen und Zweigen abgelegt wurden. Wesentlich gravierender aber ist der Verlust bei Raupen und Puppen, die, abgesehen von Vögeln, auch von Spitzmäusen, Maulwürfen, Kröten und Waldameisen gefressen werden. Aber auch unter den Insekten selbst gibt es zahlreiche Feinde, die auf natürliche Weise den Falterbestand regulieren und eine zu starke Vermehrung der Schmetterlinge verhindern. Zum einen gehören hierzu Fliegen, die ihre Eier auf Raupen ablegen. Die schlüpfenden Maden bohren sich durch die Haut in die Raupe, die dann zugrundegeht. Zum anderen stechen verschiedene Schlupfwespen Raupen an und legen ihre Eier in den Raupenkörper; die Raupe wird dann von den schlüpfenden Raupen der Schlupfwespe bei lebendigem Leibe aufgefressen. Die Puppen werden weniger von Parasiten heimgesucht, doch gibt es einige Arten von Erzwespen, die sich auf Falterpuppen spezialisiert haben.

Nahrung und Bestäubung

Abgesehen von den Schmetterlingen mit rückgebildeten Mundwerkzeugen ist die Nahrungsaufnahme für viele Arten eine Lebensnotwendigkeit.

Die meisten Falter bevorzugen nur wenige Pflanzen, an denen sie Blütennektar saugen; sie sind *oligophag*. Sich auf nur eine Pflanzenart zu spezialisieren, wäre zu riskant; denn würde die Pflanze verschwinden, wäre die Schmetterlingsart zum Aussterben verurteilt. Demzufolge kennt man ja auch bei den Raupen meist mehrere bis viele Futterpflanzen (sie sind *polyphag*). Die Nektaraufnahme erfolgt mit dem Rüssel aus mehr oder weniger geöffneten Blütenkelchen. Neben den Bienen und Hummeln gehören die Schmetterlinge zu den wichtigsten Blütenbestäubern. So können z. B. viele Blüten nur von ganz bestimmten Schwärmern – mit der richtigen Rüssellänge – bestäubt werden, weil andere Insekten gar keinen Zugang mehr finden. Andere Falter saugen Säfte von Baumstämmen und Früchten (faulendes, gäriges Obst).

Welcher Schmetterling
ist das?

32–40 mm | §

Schwalbenschwanz
Papilio machaon
Familie Ritterfalter

Aussehen: Flügel gelb, mit kräftig schwarzer Zeichnung. Vorderflügel an Basis und Rand tief schwarz, Hinterflügel mit breitem schwarzen Innenrand, am Innenwinkel jeweils ein schwarz und blau gerandeter roter Augenfleck; mit kurzen Schwänzchen.
Vorkommen: Einzeln, in offenem Gelände, bis über 2000 m, oft um Bergkuppen („hilltopping“: Balzflug um aus der übrigen Landschaft herausragende Bergkuppen, Hügel oder Burgruinen); in Gärten an *Buddleia* und Mohrrüben.

Flugzeit: April und Mai sowie im Juli und August, 2 Generationen.
Raupe: Grün, mit schwarzen Gürteln, in denen sich je 6 gelbrote Punkte befinden. Bei Bedrohung wird die stark riechende Nackengabel ausgestülpt.
Futterpflanzen: Breites Nahrungsspektrum von Doldengewächsen.
Puppe: Graue, braune oder grüne Gürtelpuppe, an der Bauchseite mit 2 Reihen stumpfer Erhöhungen.
Überwinterung: Als Puppe, befestigt an Pflanzenstengeln.

Gefährdung

Laut Roter Liste gefährdet. Vermehrte Beobachtungen in den letzten Jahren zeugen aber von keiner ausgesprochenen Gefährdung.

32–42 mm | §

Segelfalter
Iphiclides podalirius
Familie Ritterfalter

Aussehen: Vorderflügel mit sechs schwarzen Querbinden unterschiedlicher Länge; Hinterflügel mit 2 schwarzen Binden, der Innenrand breiter schwarz mit einer Reihe halbmondförmiger blauer Flecken. Der blaue und schwarze Augenfleck am Innenwinkel ist zum Körper hin orange gesäumt. Schwänze länger als beim Schwalbenschwanz.
Vorkommen: In warmem und trockenem Gelände, besonders an steilen Sonnenhängen mit Schlehenbewuchs; daher lokal.
Flugzeit: Mai bis Juli in 1 Generation, im Süden 2 Generationen.
Raupe: Jungraupe ist schwärzlich, beborstet, mit weißlichem Rückenfleck. Nach der 1. Häutung ist sie grün, mit gelblicher Rückenlinie, gelben Schrägstrichen und rotbraunen Punkten. Nackengabel.
Futterpflanzen: Bevorzugt Schlehe, aber auch Felsenkirsche.
Puppe: Die überwinternde Gürtelpuppe ist gelb oder braun, im Sommer dagegen grün gefärbt.
Überwinterung: Als Puppe.

Gefährdung

Der Segelfalter ist durch Verschwinden der Schlehenhecken (Flurbereinigung) und Insektizidbehandlung (Weinberge) stark gefährdet, und ein weiterer Rückgang der Art muß befürchtet werden.

38–42 mm | §

Apollo
Parnassius apollo
Familie Ritterfalter

Aussehen: Grundfarbe der Flügel weiß, Spitze und Außenrand der Vorderflügel unbeschuppt, daher durchscheinend, Oberseite mit großen schwarzen Flecken, Hinterflügel mit 2 rundlichen, roten Flecken, die schwarz umrandet und weiß gekernt sind.
Vorkommen: Inselartig verbreitet im Fränkischen und Oberpfälzer Jura, im Moselgebiet und in den Alpen (von Tallagen bis 2200 m). Der natürliche Standort ist die Dolomit-Felsflur mit steilen und sonnigen Hängen. Künstliche Biotope wie Straßenböschungen oder Abraumhalden von Steinbrüchen werden angenommen.
Flugzeit: Juli und August in einer Generation.
Raupe: Schwarz, mit bläulichen Warzen, jederseits eine Reihe orangegelber Flecken.
Futterpflanzen: Fast ausschließlich der Weiße Mauerpfeffer.
Puppe: Auf der Erde, oft unter Steinen, in lockerem Gespinst.
Überwinterung: Als Jungraupe im Ei (oft an Grashalmen abgelegt).

Gefährdung

Vom Aussterben bedroht. Die Art kommt nur noch in Restpopulationen vor. Aufforstung und Verbuschung schränken den Lebensraum ein.

23–27 mm

Kleiner Kohlweißling
Pieris rapae
Familie Weißlinge

Aussehen: Spitzenfleck der Vorderflügel klein, grauschwarz gesäumt (in sich geschlossen). Männchen: 1 dunkler Fleck auf der Vorderflügeloberseite, Unterseite mit 2 dunklen Flecken, Flügelspitze gelb; Hinterflügel gelb, dunkel bestäubt. Weibchen: Vorderflügel oben und unten mit je 2 dunklen Flecken, Flügelwurzel grau bestäubt, Unterseite der Hinterflügel kaum oder gar nicht dunkel bestäubt.
Vorkommen: In offenem Gelände und Gärten, von der Meeresküste bis ca. 2000 m; dem Leben in der Kulturlandschaft gut angepaßt.

Flugzeit: März bis Oktober in 2–3 Generationen, wobei die Sommergeneration am häufigsten ist und gelegentlich massenhaft auftritt.
Raupe: Grün, mit deutlichem gelbem Rückenstreifen. Raupen aus der 1. Generation leben meist an Wildpflanzen, die der 2. Generation vorzugsweise an Kohlarten.
Futterpflanzen: Verschiedenste Kreuzblütler.
Puppe: Grünlich graue bis bräunliche Gürtelpuppe, gelb gestreift.
Überwinterung: Als Puppe, an der Futterpflanze, an Wänden und Zäunen.

Gefährdung

Nicht gefährdet. Eine der häufigsten einheimischen Arten.

28–33 mm

Großer Kohlweißling
Pieris brassicae
Familie Weißlinge

Aussehen: Flügelspitze und vorderer Teil des Außenrandes schwarz, oberseits ohne Flecken, Hinterflügel mit kleinem schwarzem Fleck am Vorderrand, Unterseite gelb, bei Frühjahrsgeneration dunkel bestäubt. Weibchen ober- und unterseits mit zwei schwarzen Flecken, Männchen oberseits ohne Flecken.
Vorkommen: In offenem Gelände, bevorzugt in Gärten (Kulturfolger), bis ca. 2000 m. Der Große Kohlweißling ist ein überall häufiger Wanderfalter, dessen Populationsdichten allerdings starken Schwankungen unterliegen.
Flugzeit: April bis Oktober in 2–3 Generationen, 3. Generation nur in klimatisch günstigen Jahren.
Raupe: Blaugrün, mit gelben Längsstreifen und zahlreichen schwarz glänzenden Punkten, gesellig lebend. Oft mit Puppen der Schlupfwespe *Apanteles glomeratus* parasitiert.
Futterpflanzen: Bevorzugt Kohl, aber auch Kapuzinerkresse, Akkersenf und viele andere Pflanzen.
Puppe: Grünliche Gürtelpuppe mit schwarzen Flecken.
Überwinterung: Als Puppe, an Wänden, Zäunen oder Futterpflanze.

Gefährdung

Nicht gefährdet. Eine der häufigsten einheimischen Arten.

18–25 mm

Rapsweißling
Pieris napi
Familie Weißlinge

Aussehen: Flügelspitzen schwarz, Vorderflügel beim Männchen mit oder ohne schwarzem Fleck, beim Weibchen mit zwei Flecken. Unterseite der Hinterflügel gelblich, die Adern breit graugrün bestäubt. Anhand von Größe, Färbung (Umfang des schwarzen Spitzenflecks) und Ausmaß der Bestäubung lassen sich sowohl die Geschlechter als auch Frühjahrs- und Sommergeneration unterscheiden.
Vorkommen: In offenem Gelände und Waldwiesen, an buschigen Hängen, im Gebirge bis ca. 2000 m, weit verbreitet, recht häufig.
Flugzeit: März bis Oktober in 2–3 Generationen, die 3. aber selten.
Raupe: Grün, mit feinen schwarzen Punkten und schmalem Rükkenstreifen (im Gegensatz zum Kleinen Kohlweißling). Die Stigmen (Atemöffnungen) sind gelb umringt.
Futterpflanzen: Verschiedenste Kreuzblütler.
Puppe: Blasse, graugrünliche Gürtelpuppe mit schwarzen Punkten, überwinternde Puppen sind weißlich und fast ohne Zeichnung.
Überwinterung: Als Puppe, an Pflanzenstengeln.

Gefährdung

Nicht gefährdet. Eine der häufigsten einheimischen Arten.

19–24 mm | §

Senfweißling

Leptidea sinapis

Familie Weißlinge

Aussehen: Schmale Flügelform, Oberseite weiß, Vorderflügelspitze mit grauschwarzem (annähernd rundlichem) Fleck, der beim Weibchen heller ist. Unterseite der Hinterflügel gelblich, mit graugrüner Zeichnung. Fühlerkolben schwarz, mit weißem Fleck an der Unterseite. Sexualdimorphismus.

Vorkommen: Hauptsächlich auf Waldwiesen, an sonnigen Waldrändern und Augehölzen, im Gebirge bis ca. 2000 m. Die standorttreuen Falter sind in diesen Biotopen nicht selten.

Flugzeit: Von April bis Oktober in 2–3 Generationen. Die 1. Generation erscheint mit Blüte des Wiesenschaumkrautes.

Raupe: Hellgrün, mit gelben Seitenstreifen, auf dem Rücken ein dunkelgrüner Längsstreifen, Kopf grün.

Futterpflanzen: Vor allem die Wiesenplatterbse (*Lathyrus pratensis*) und Hornklee, aber auch andere Schmetterlingsblütler.

Puppe: Gürtelpuppe, blaß grünlich bis ockergelb, mit rötlichen Seitenstreifen, Kopfende lang und spitz ausgezogen.

Überwinterung: Als Puppe, an Pflanzenstengeln befestigt.

Gefährdung

Nicht gefährdet. Die Art war früher häufiger, Bestand rückläufig.

28–35 mm

Baumweißling
Aporia crataegi
Familie Weißlinge

Aussehen: Flügel schuppenarm, daher etwas durchscheinend, die Adern und der Saum sind dunkelbraun oder schwärzlich beschuppt, Unterseite wie Oberseite. Weibchen sind größer als Männchen.
Vorkommen: In offenem Gelände, in Moorgebieten, Auen und Gärten; früher massenweise in Obstkulturen, heute durch Insektizide vielerorts verschwunden. Auch starke jährliche Schwankungen der Häufigkeit werden verzeichnet. Neuerdings Beobachtungen von Massenauftreten in bepflanzten Autobahn-Böschungen. Falter bilden gerne Sauggesellschaften (Foto).
Flugzeit: Im Juni und Juli, in einer Generation.
Raupe: Schwarz, auf dem Rücken 2 orangerote, breite Längsstreifen; fein behaart. Leben gesellig in Raupennestern an Ästen und Zweigen. Im Mai ausgewachsen.
Futterpflanzen: Weißdorn, Schlehe, Eberesche und Obstbäume.
Puppe: Gelblichgrüne bis weißgraue Gürtelpuppe, mit schwarzer Punkt-und Fleckenzeichnung und gelben Partien, an Ästen.
Überwinterung: Junge Raupen in gemeinsamem Gespinst.

Gefährdung
Potentiell gefährdet. Möglicherweise ist der Bestand rückläufig.

26–30 mm 

Zitronenfalter

Gonepteryx rhamni
Familie Weißlinge

Aussehen: Flügelfarbe des Männchens (Foto oben) zitronengelb, beim Weibchen (Foto rechts unten) grünlichweiß, beide mit orangefarbenem Fleck in der Mitte der Flügel. Vorderrand der Vorderflügel geschwungen, Spitze umgebogen, auch Hinterflügelrand mit kurzer Spitze. Sitzen in Ruhestellung mit zusammengeklappten Flügeln.
Vorkommen: Weit verbreitet, meist in Wald- und Buschgelände, aber auch in Gärten.
Flugzeit: Die Falter erscheinen Anfang Juli, fliegen etwa 8–10 Tage und legen dann eine Sommerruhepause ein, um im Herbst noch mal aktiv zu werden. Erst im Spätherbst fallen sie in Winterstarre. Nach der Überwinterung fliegen die Falter von März bis Juni und paaren sich.
Raupe: Mattgrün, mit weißlichem Seitenstreifen.
Futterpflanzen: Faulbaum (*Frangula alnus*), Purgier-Kreuzdorn.
Puppe: Grüne Gürtelpuppe, mit 2 hellgelben Seitenstreifen, Kopf spitz.
Überwinterung: Als Falter. Der Zitronenfalter ist der einzige europäische Falter, der frei (ohne Versteck) überwintert.

Gefährdung

Nicht gefährdet. Eine der häufigen Arten Europas.

19–24 mm | §

Aurorafalter
Anthocharis cardamines
Familie Weißlinge

Aussehen: Oberseite weiß, beim Männchen vordere Flügelhälfte orange, mit geschwärzten Flügelspitzen (Foto links); Weibchen (Foto rechts oben) ohne Orangefärbung. Unterseite der Hinterflügel unregelmäßig gelbgrün gezeichnet.
Vorkommen: In offenem Gelände, Blumenwiesen, Hecken und an Waldrändern, bis ca. 2000 m; weit verbreitet und meist nicht selten.
Flugzeit: April bis Juni, in 1 Generation, in den Alpen auch bis Anfang August.
Raupe: Blaugrün, mit feinen schwarzen Pünktchen und weißem Seitenstreifen, Unterseite dunkelgrün. Die – aus den an Blütenknospen gelegten Eiern – schlüpfenden Jungraupen fressen zuerst an den Samenkapseln. Verpuppung im Juli.
Futterpflanzen: Wiesenschaumkraut, Knoblauchsrauke, Wegrauke, Ackersenf, Rauhe Gänsekresse und andere Kreuzblütler.
Puppe: Grüne bis bräunliche Gürtelpuppe, mit sichelförmig gebogenem Kopfteil.
Überwinterung: Als Puppe, an Stengeln oder Zweigen, aber selten an der Futterpflanze.

Gefährdung

Nicht gefährdet. Die Art war früher allerdings häufiger.

21–27 mm |  | §

Hufeisenklee-Heufalter

Colias alfacariensis (= *australis*)
Familie Weißlinge

Aussehen: Grundfarbe beim Männchen schwefelgelb, beim Weibchen grünlichweiß. Hinterflügel mit orangerotem Doppelfleck, auf der Unterseite mit 8förmiger Zeichnung. Fühler orangerot. Dem Gemeinen Heufalter (*C. hyale*) überaus ähnlich, eine sichere Bestimmung ist meist nur dem Spezialisten möglich.
Vorkommen: An trockenen und warmen Offenlandstellen.
Flugzeit: Mai bis September in 2 Generationen, im Süden 3 Generationen.

Raupe: Grün, mit 4 gelben Längsstreifen; beiderseits der Rückenlinie 12 schwarze, rechteckige Flekken, an den Seitenlinien nur unterhalb mit kleineren schwarzen Flecken.
Futterpflanzen: Hufeisenklee (*Hippocrepis comosa*) und Bunte Kronwicke (*Coronilla varia*).
Puppe: Blaßgrüne Gürtelpuppe, mit spitzem Kopfende, in mehr waagrechter Position, an Stengeln.
Überwinterung: Als junge Raupe der letzten Generation.

Gefährdung

Gefährdet, durch Aufforstung und intensive landwirtschaftliche Nutzung von Trockenrasen-Gesellschaften sowie Biozid-Einsatz. Günstig wäre eine nur einmalige Mahd ab August.

23–27 mm §

Postillon
Colias crocea
Familie Weißlinge

Aussehen: Oberseite leuchtend orangerot mit breiter dunkler Randbinde, diese beim Weibchen mit gelben Flecken (Foto). In der Mitte der Vorderflügel ein schwarzer Fleck. Unterseite gelb, mit einem silbrigen Doppelfleck auf den Hinterflügeln.
Vorkommen: In offenem Gelände, vom Flachland bis ca. 2000 m. Wanderfalter, der, aus Südeuropa kommend, bis nach Skandinavien fliegt, aber nördlich der Alpen nicht bodenständig ist.
Flugzeit: Von Mai an bis in den Spätherbst in zwei, seltener drei oder mehr Generationen.
Raupe: An den Seiten jeweils nur eine gelblichweiße Linie, darunter auf jedem Segment ein kleiner schwarzer Fleck.
Futterpflanzen: Klee, Kronwicke, Luzerne, Esparsette, Hufeisenklee.
Puppe: Typische *Colias*-Puppe; grün, mit gelben Seitenstreifen, an Stengeln befestigt.
Überwinterung: Als Raupe, allerdings nur in frostfreien Gebieten ohne eigentliche Diapause (die Raupe frißt, wächst in den Wintermonaten aber nur wenig).

Gefährdung

Nicht gefährdet. Alle europäischen *Colias*-Arten sind aber geschützt.

25–27 mm §

Hochmoorgelbling

Colias palaeno

Familie Weißlinge

Aussehen: Oberseite kräftig schwefelgelb mit breiten schwarzen Randbinden und kleinem schwarzem Fleck in der Mitte der Vorderflügel. Weibchen weiß, zuweilen gelb.

Vorkommen: In Hochmooren, fast ausschließlich im Alpen- und Voralpengebiet. Die Art ist ein typisches Überbleibsel aus der Eiszeit (Glazialrelikt).

Flugzeit: Im Juni und Juli in 1 Generation, in höheren Lagen bis August.

Raupe: Typische *Colias*-Raupe, mit einer gelben Seitenlinie, fein schwarz gefleckt. Von August bis Mai vorkommend, fressen hauptsächlich tagsüber.

Futterpflanzen: Ausschließlich an der Rauschbeere (*Vaccinium uliginosum*).

Puppe: Typische *Colias*-Raupe; grünlichgelb, mit stark gewölbtem Rücken, an Stengeln von niedrigen Pflanzen befestigt.

Überwinterung: Als junge Raupe auf der Futterpflanze.

Gefährdung

Vom Aussterben bedroht. Durch Torfstich, Entwässerung und Aufforstung außerordentlich gefährdet. Im intakten Biotop ist allerdings nicht das Angebot der Raupen-Futterpflanze das Problem, sondern ein oft fehlendes Angebot an Kräuterblüten für die Falter.

20–25 mm | §

Grünlicher Heufalter
Colias phicomone
Familie Weißlinge

Aussehen: Oberseite des Männchens blaß gelbgrün, stark dunkelgrau bestäubt; in der dunkleren Außenzone der Vorderflügel gelbliche Flecken, Unterseite der Hinterflügel kräftig gelb. Weibchen grünlichweiß, Bestäubung nicht so ausgeprägt. Farbton und Stärke der Beschuppung variieren stark.
Vorkommen: Auf Almwiesen und Berghängen mit Grasbestand von 900 m bis ca. 3000 m; in den Alpen, Nord-Karpaten, Pyrenäen und Nord-Spanien.
Flugzeit: Von Ende Juni bis August in einer Generation (selten eine zweite im August, September).
Raupe: Typische *Colias*-Raupe; bläulich bis hellgrün und mit einem blaßgelben Seitenstreifen und kurzen schwarzen Haaren. Im Mai oder Juni ausgewachsen.
Futterpflanzen: Verschiedene Schmetterlingsblütler, in erster Linie Wicken-Arten, Hornklee, Luzerne, Berg-Spitzkiel, Kronwicke und Schopf-Hufeisenklee.
Puppe: Typische *Colias*-Puppe; dunkelgrün, mit mattgelbem Seitenstreifen, Rücken stark gewölbt, an den Enden zugespitzt.
Überwinterung: Als junge Raupe nach der zweiten Häutung.

Gefährdung

Nicht gefährdet; aber wie alle europäischen *Colias*-Arten geschützt.

31–37 mm | [habitat symbol] | §

Großer Schillerfalter
Apatura iris
Familie Edelfalter

Aussehen: Oberseite schwarzbraun, Männchen mit blau-violettem Schiller, Vorderflügel mit weißen Flecken, Hinterflügel mit weißer Binde und Augenfleck. Das Weibchen ist größer und ohne Blauschiller. Flügelunterseite auffällig mit Binden und Flecken gezeichnet.
Vorkommen: In lichten Au- und Laubwäldern mit Weidenbestand; weit verbreitet, in manchen Gegenden lokal und selten.
Flugzeit: Im Juli und August in 1 Generation, wobei die warmen Mittagsstunden bevorzugt werden. Die Falter halten sich hauptsächlich in den Baumkronen auf.
Raupe: Blaugrün, dick, Enden deutlich verschmälert; mit gelben Schrägstreifen, Kopf mit zwei langen Hörnern, jedes mit gelblichweißen Längsstreifen und roter Spitze; Ende Juni ausgewachsen.
Futterpflanzen: Verschiedene Weidenarten, vor allem Salweide.
Puppe: Grüne Stürzpuppe, mit gelben Streifen und 2 Spitzen am Kopf, an Zweigen angesponnen.
Überwinterung: Als junge Raupe, angesponnen in einer Astgabel oder unter einem toten Blatt.

Gefährdung

Gefährdet, durch Fichtenaufforstung, Übergang zur Dunkelwaldwirtschaft.

32–35 mm | §

Kleiner Schillerfalter
Apatura ilia
Familie Edelfalter

Aussehen: Ähnlich dem Großen Schillerfalter, jedoch auf dem Vorderflügel zusätzlich ein Augenfleck mit orangefarbenem Ring. Weibchen ohne Schiller, mit ausgedehnteren weißen Flekken. Oft tritt eine Varietät auf, bei der die inneren weißen Bereiche gelbbraun bis gelborange sind.
Vorkommen: In lichten Mischwäldern, an Waldrändern und Auengelände bis ca. 800 m. Feuchte Stellen werden bevorzugt.
Flugzeit: Im Juli in einer Generation. Die Falter fliegen in den Morgenstunden in Nähe von Espengebüsch und saugen an Exkrementen und Aas.
Raupe: Ähnlich *A. iris*; grün, vorne mit 2 gelben, rot gesäumten Längsstreifen, Schwanzende mit zwei kleinen Hörnern.
Futterpflanzen: Espen, Weiden und Pappeln.
Puppe: Weißlichgrüne Stürzpuppe.
Überwinterung: Als junge Raupe an Pappelästen (nach der 2. Häutung).

Gefährdung

Stark gefährdet, siehe *A. iris*, u. a. durch den Anbau kanadischer Hybridpappeln, wo zwar Eier abgelegt werden, die dickeren Blätter aber von den Jungraupen nicht gefressen werden können.

26–30 mm | §

Kleiner Eisvogel
Limenitis camilla
Familie Edelfalter

Aussehen: Oberseite schwarzbraun, mit weißer Fleckenbinde und zwei Reihen schwarzer Punkte. Unterseite gelbbraun, bunt gemustert mit weißen, blaugrauen und dunklen Flecken.
Vorkommen: In feuchten Laubwäldern und Augehölzen, in den Bergen bis ca. 1500 m. Die Falter sind selten an Blüten zu sehen.
Flugzeit: Von Juni bis August in einer Generation.
Raupe: Grün, mit braunroten Rückendornen in zwei Reihen; der Kopf ist braun und bestachelt.
Futterpflanzen: Meist Geißblatt (*Lonicera periclymenum*), seltener Schneebeere oder Heckenkirsche.
Puppe: Grün und braun gefärbte Stürzpuppe, mit großen Silberflecken und spitzen Vorsprüngen an Kopf und Bauch; hängt an der Unterseite der Blätter des Geißblattes oder an Zweigen der Futterpflanze, sieht dann wie ein abgestorbenes *Lonicera*-Blatt aus.
Überwinterung: Als junge Raupe in einem zusammengesponnenen und -gerollten Blattgehäuse (Hibernaculum), das wie eine kleine Tüte aussieht.

Gefährdung

Gefährdet durch Fichtenaufforstung und Bekämpfung von *Rubus*-Beständen.

30–34 mm | §

Trauermantel

Nymphalis antiopa

Familie Edelfalter

Aussehen: Dunkelbraune Grundfärbung mit breitem, hellgelbem Saum (nach der Überwinterung weißlich gelb ausgebleicht) und nach innen zu einer Reihe blauer Flecke. Beide Flügel haben stumpfe Spitzen am Außenrand. Unverwechselbar.

Vorkommen: In lichten Wäldern und Auen, mit Vorliebe an Bachläufen, Waldränder, buschiges Gelände, bis über 2000 m; verbreitet, in den letzen Jahrzehnten aber sehr selten geworden. Wandert im Verbreitungsgebiet.

Flugzeit: Ab Juli bis zur Überwinterung (Ende September/Anfang Oktober) und dann wieder von März bis Mai (Paarung und Eiablage). Die Falter sind keine Blütenbesucher, sondern saugen an reifen Früchten und Baumsäften.

Raupe: Schwarz, fein weiß gefleckt, mit rostroten Rückenflekken und langen, verzweigten Dornen beidseitig an jedem Segment. Leben bis zur Verpuppung in gemeinsamem Gespinst.

Futterpflanzen: Salweide, Birke und Ulme, kleinere bis mittelgroße Bäume werden bevorzugt.

Puppe: Bräunlichgraue Stürzpuppe, an der Futterpflanze befestigt.

Überwinterung: Als Falter.

Gefährdung

Gefährdet. Ursachen der Bestandsminderung noch ungeklärt.

25–32 mm | §

Großer Fuchs
Nymphalis polychloros
Familie Edelfalter

Aussehen: Oberseite orangebraun mit schwarzen Flecken und dunkler Randbinde, auf den Hinterflügeln mit blauen Flecken. Die Art ist dem Kleinen Fuchs sehr ähnlich, unterscheidet sich von diesem aber durch die Größe und die helle Basis der Hinterflügel.
Vorkommen: Offenes, buschiges oder baumbestandenes Gelände, Waldränder, Parklandschaften, in den Bergen bis ca. 1500 m.
Flugzeit: Von Ende Juni mit Überwinterung bis Ende Mai in einer Generation.
Raupe: Schwarz, fein weiß gefleckt, mit orangefarbenen Rükken- und Seitenlinien; zahlreiche orangebraune Dornen. Sie leben gesellig in einem gemeinsamen Gespinst; selbst wenn sie später das Nest verlassen, bleiben sie zusammen.
Futterpflanzen: Ulmen, Weiden, Pappeln und andere Laubbäume sowie Obstbäume.
Puppe: Braune Stürzpuppe, an der Futterpflanze befestigt.
Überwinterung: Als Falter in Holzspalten (Stadel).

Gefährdung

Gefährdet durch Verschwinden der Feldgehölze (eventuell auch Ulmensterben) und Spritzmitteleinsatz in Obstkulturen. In den letzten Jahrzehnten sehr selten geworden.

22–25 mm

Kleiner Fuchs

Aglais urticae

Familie Edelfalter

Aussehen: Grundfarbe rotbraun; mit schwarzen, gelben und weißen Flecken; dunkler Randsaum mit blauen Flecken. Unterseite braunschwarz gemustert. Dem Großen Fuchs ähnlich, aber kleiner und die Basalregion der Hinterflügel schwarz.

Vorkommen: In offenem Gelände, überall weit verbreitet, bis ca. 3000 m; Ubiquist. Wandert im Verbreitungsgebiet umher.

Flugzeit: Ab Mai in 2–3 Generationen, je nach Klimasituation.

Raupe: Der Körper ist schwarz, fein weiß gefleckt; mit gelben, unterbrochenen Rücken- und Seitenstreifen und schwarzen Dornen. Die Raupen leben bis zur letzten Häutung gesellig in einem gemeinsamen Gespinst (Foto rechts oben); danach verlassen sie das Nest und leben einzeln.

Futterpflanzen: Ausschließlich Brennessel (*Urtica dioica*).

Puppe: Graubraune, grüne oder schwärzliche Stürzpuppe, mit goldfarbenen Höckern (Foto) an Pflanzenstengeln geheftet.

Überwinterung: Als Falter auf Dachböden, in Holzspalten und Mauslöchern. Die überwinternden Falter fliegen bis Mai, paaren sich und legen ihre Eier ab.

Gefährdung

Nicht gefährdet. Eine der häufigsten einheimischen Arten.

27–29 mm

Tagpfauenauge
Inachis io
Familie Edelfalter

Aussehen: Grundfarbe kräftig rotbraun, auf jedem Flügel ein großer, blau, schwarz und gelb gesäumter Augenfleck. Unterseite schwarz-braun gemustert; beide Flügel haben stumpfe Spitzen am Außenrand. Das Weibchen ist etwas größer als das Männchen. Kann mit keiner anderen Art verwechselt werden.
Vorkommen: Überall weit verbreitet und häufig, oft in Gärten und Parklandschaften, auch in der Großstadt (Ubiquist); in den Alpen bis ca. 2500 m Höhe. Das Tagpfauenauge kommt in ganz Europa vor, im Norden bis zum 60. Breitengrad und bewohnt auch alle Mittelmeerinseln, abgesehen von Kreta. Lediglich im hohen Norden und in Nordafrika fliegen keine Tagpfauenaugen. Die Falter sind rege Blütenbesucher und gehen in Gärten gerne an *Buddleia.* Läßt man im Garten in einer kleinen Ecke Brennesseln wachsen, werden sich bald Falter einfinden, die ihre grünen oder grauen, mit Längsrippen versehenen Eier im Mai gruppenweise auf die Blattunterseiten der Brennesselblätter ablegen. Nach 2 bis 3 Wochen schlüpfen die Jungraupen, und man kann den weiteren Entwicklungszyklus bis zum Schlüpfen der Falter verfolgen.
Flugzeit: Im Süden und an klimatisch begünstigten Stellen 2 Generationen von Ende Juni bis Mitte Juli und überwinternd von Au-

gust bis Mai. Im Norden entwikkelt sich nur eine Generation von Juli bis Mai.
Raupe: Schwarz, fein weiß punktiert, mit langen schwarzen Rükken- und Seitendornen; gelblichbraune Bauchbeine. Die erste Raupengeneration erscheint von Mai bis Juni, die zweite im Juli und August. Die Raupen leben wie viele andere Edelfalter-Raupen gesellig in einem gemeinsamen Gespinst, wobei bis zu 150 Raupen in einer Staude leben können. Gemeinsam fressen sie ein Blatt bis auf die Rippen ab, dann wechseln sie auf das nächste Blatt über. Erst wenn die ganze Staude abgefressen ist, suchen sie eine weitere Pflanze auf. Raupenfeinde sind vor allem parasitierende Fliegen und Schlupfwespen. Es wurde beobachtet, daß, wenn die Raupen den Summton einer heranfliegenden Schlupfwespe hören, sie als Abwehrmaßnahme alle im gleichen Takt mit dem Körper schlagen. Nach der letzten Häutung verlassen sie ihr Nest und verstreuen sich.
Futterpflanzen: Hauptsächlich Brennessel, zur Not Hopfen.
Puppe: An Pflanzenstengeln hängende Stürzpuppe, graugrün mit zwei Reihen silbrig glänzender Dornen und mehreren metallfarbenen Flecken. Die Falter schlüpfen etwa 2–3 Wochen nach der Verpuppung.
Überwinterung: Als Falter an geschützten Stellen wie Heustadel, Dachböden, Gartenhäuschen.

Gefährdung

Nicht gefährdet. Eine der häufigsten europäischen Arten.

27–29 mm

Distelfalter
Vanessa cardui
Familie Edelfalter

Aussehen: Grundfarbe der Flügel bräunlich bis rosa, mit schwarzen und weißen Flecken auf den Vorderflügeln. Hinterflügel nur schwarz gefleckt, deren Unterseite mit fünf kleinen Augenflecken.
Vorkommen: Ein aus Südeuropa und Nordafrika einwandernder Wanderfalter, der regelmäßig nach Norden (bis Island) zieht, aber nur in Südeuropa überwintern kann. Im Gebirge über 2000 m.
Flugzeit: Ab Mai bis Oktober in 2–3 Generationen (in Afrika das ganze Jahr), wobei neu eingewanderte und im Gebiet geschlüpfte Falter nebeneinander vorkommen.
Raupe: Schwärzlich oder graugrün, hell gefleckt, mit gelblichen Dornen besetzt. Unterhalb des gelben Seitenstreifens ist die Raupe rötlichbraun gezeichnet. Sie spinnt zum Schutz Blätter zusammen.
Futterpflanzen: Disteln, Brennesseln, Malven und Klette.
Puppe: Graue oder grüne Stürzpuppe, mit goldenen Dornen, in einem Schutzgespinst.
Überwinterung: Als Falter, allerdings nur im Süden möglich.

Gefährdung

Nicht gefährdet. Eine der häufigsten Arten Europas und Nordafrikas.

28–31 mm

Admiral
Vanessa atalanta
Familie Edelfalter

Aussehen: Oberseite samtschwarz mit leuchtend roter Schrägbinde und weißen Flecken in der Vorderflügelspitze. Hinterflügel mit roter Randbinde sowie blauen und schwarzen Flecken. Weibchen fast immer mit kleinem weißem Fleck in der Schrägbinde.
Vorkommen: Sehr weit verbreiteter Wanderfalter, der in warmen Jahren sogar bis zum Polarkreis fliegt. In freiem Gelände, an Hek-ken, in Obstgärten (an Fallobst saugend); überall, wo es Brennesseln gibt; bis über 2000 m.
Flugzeit: Die Einwanderung aus dem Süden beginnt ab Mai, die Nachkommen fliegen von Juli bis August und September bis Oktober in zwei bis drei Generationen.
Raupe: Variabel gefärbt, gelbbraun, grün bis schwarz, mit gelblichen bis schwarzen Dornen und gelben Flecken an den Seiten. Einzelgänger, mit Schutzgespinst.
Futterpflanzen: In erster Linie Brennessel, seltener Disteln.
Puppe: Grau oder braun, mit kleinen Metallflecken am Bauch, hängt im Schutzgespinst.
Überwinterung: Als Falter, im Süden.

Gefährdung

Nicht gefährdet. Einer der häufigsten Falter Europas und Nordafrikas.

22–24 mm | §

C-Falter
Polygonia c-album
Familie Edelfalter

Aussehen: Oberseite rotbraun mit schwarzen und gelblichen Flecken. Unterseite der Hinterflügel mit silbrig glänzendem, C-förmigem Fleck, der dem Falter seinen Namen gab. Der Flügelrand ist stark gezackt.
Vorkommen: In lichten Wäldern, an Waldrändern, Lichtungen, buschigem Gelände, Auen und Gärten, im Gebirge bis etwa 2000 m.
Flugzeit: Von Juni bis August und ab August überwinternd bis Juni in 2 Generationen. Die Falter ziehen sich schon im August in die Überwinterungsquartiere zurück.
Raupe: Vorderkörper rotbraun und schwarz gebändert, hintere Hälfte oben weiß und seitlich rotbraun gestreift; die verzweigten Dornen sind jeweils ebenso gefärbt. Der weiße Fleck läßt die Raupe als Vogelkot erscheinen. Sitzen einzeln unter Blättern und sind erst nach etwa 6 Wochen ausgewachsen.
Futterpflanzen: Brennessel, Hopfen, Johannis- und Stachelbeere, Weiden, Ulmen und Haseln.
Puppe: Die braunen Stürzpuppen mit silbrigen, seitlichen Metallflecken hängen an den Stengeln der Futterpflanze.
Überwinterung: Als Falter.

Gefährdung
Nicht gefährdet. Die Art war früher allerdings häufiger.

27–35 mm | [habitat icon] | §

Kaisermantel
Argynnis paphia
Familie Edelfalter

Aussehen: Grundfarbe des Männchens ockergelb bis leuchtend orangebraun mit schwarzen Flecken und Strichen. Das Weibchen ist grünlichbraun, nur mit Fleckenreihen. Die Unterseite ist bei beiden grünlich, mit silbrig weißen Streifen (daher auch der Name „Silberstrich").
Vorkommen: Immer in Waldnähe, bevorzugt Lichtungen und Waldränder, in Bergtälern auf sonnigen Wiesen bis ca. 1000 m.
Flugzeit: Von Ende Juni bis Mitte September in einer Generation.
Raupe: Schwarzbraun, auf dem Rücken mit einem gelben Band, seitlich gelb genetzt; die dunkelgelben, verzweigten Dornen sind sehr lang, zusätzlich zwei nach vorne gerichtete, sehr lange schwarze Dornen. Die Raupen leben einzeln und halten sich tagsüber versteckt.
Futterpflanzen: Veilchen- und *Rubus*-Arten (z. B. Himbeere).
Puppe: Graubraune Stürzpuppe, mit kegelförmigen, silbrigen Spitzen, die vor dem Ausschlüpfen golden werden. An der Futterpflanze.
Überwinterung: Als junge Raupe (z. T. in der Eischale) in Rindenritzen.

Gefährdung
Nicht gefährdet und nicht selten, in günstigen Jahren sogar häufig.

16–19 mm §

Landkärtchen

Araschnia levana

Familie Edelfalter

Aussehen: Saisondimorphismus; Frühjahrsform (oben links): gelbbraun, mit schwarzen, gelben und kleinen weißen Flecken. Sommerform (oben rechts): schwarzbraun, mit weißer oder gelblicher Querbinde. Unterseite bei beiden mit heller Netzzeichnung („Landkarte") auf braunviolettem Grund.

Vorkommen: Weit verbreitet, aber lokal; in feuchten Wäldern, Auen, Waldrändern und Parklandschaften, mit schattigen Bereichen. Bis ca. 1000 m.

Flugzeit: Von April bis Juni und Juli bis August in 2 Generationen.

Raupe: Schwarz, mit an der Basis verdickten, schwarzen Dornen. Die Raupen leben anfangs gesellig und verstreuen sich dann nach der letzten Häutung. Sie schlüpfen aus Eitürmchen, die die Falter zu 6–15 Stück an die Blattunterseite der Futterpflanze ablegen. Unter einem einzigen Blatt können sich mehrere Türmchen befinden.

Futterpflanzen: Nur Brennesseln, bevorzugt an schattigen Orten.

Puppe: Braune Stürzpuppe, dunkel gefleckt, manchmal metallisch.

Überwinterung: Als Puppe, an Pflanzenstengel oder Zweigen.

Gefährdung

Nicht gefährdet. An geeigneten Stellen noch sehr häufig.

24–29 mm | §

Großer Perlmutterfalter
Argynnis (= Mesoacidalia) aglaja
Familie Edelfalter

Aussehen: Oberseite des Männchens rotbraun mit schwarzen Flecken, Weibchen fahler, grünlich braun; Unterseite der Hinterflügel bei beiden gelb, grünlich überhaucht, mit silbrigen perlmutterartigen Flecken. Im Gegensatz zum Kaisermantel keine Silberstreifen.
Vorkommen: In Europa weit verbreitet, fast bis ans Nordkap. Waldränder, Waldwiesen, Auen. Gerne in lichten Wäldern der Mittelgebirge; in den Alpen bis zur Baumgrenze.
Flugzeit: Fliegt von Juni bis Mitte August in einer Generation.
Raupe: Samtschwarz, unterhalb der Stigmen mit einer Reihe orangeroter Flecken, die Dornen sind schwarz. Sie ist hauptsächlich nachtaktiv und hält sich am Tage meist unter der Futterpflanze versteckt.
Futterpflanzen: Verschiedene Veilchen-Arten und Wiesenknöterich.
Puppe: Braune Stürzpuppe, mit schwarz gezeichneten Flügelscheiden. Hängt in einem zeltartigen Versteck aus versponnenen Blättern.
Überwinterung: Als junge Raupe, am Grunde der Futterpflanze.

Gefährdung

Nicht gefährdet. An geeigneten Stellen sogar häufig.

19–23 mm §

Kleiner Perlmutterfalter
Issoria lathonia
Familie Edelfalter

Aussehen: Grundfarbe hell rotbraun mit mehreren Reihen schwarzer Flecken. Basis der Hinterflügel grau bestäubt, Unterseite mit sehr großen Silberflecken und einer Reihe kleiner Augenflecken, die rotbraun umringt und silbrig gekernt sind.
Vorkommen: In trockenem, offenem Gelände, Brachland, Heidegebieten bis ca. 2500 m. Bekannter Wanderfalter, der England und Skandinavien erreicht.
Flugzeit: Von April bis Oktober in zwei bis drei Generationen, in höheren Lagen der Gebirge nur eine Generation.
Raupe: Dunkelbraun bis schwarz, mit einer doppelten, gelblichen Rückenlinie; an den Seiten braungelb gezeichnet. Die Dornen sind kurz und ziegelrot. Kopf braun, schwarz gezeichnet; die Bauchbeine sind gelblichbraun. Die Raupen leben einzeln an der Futterpflanze.
Futterpflanzen: Veilchen-Arten.
Puppe: Goldbraune Stürzpuppe, mit weißen und gelben Streifen, Spitzen der Flügelscheiden weiß, dem Kot von Vögeln sehr ähnlich. Hängen an der Futterpflanze.
Überwinterung: Als Raupe, Puppe oder Falter.

Gefährdung

Nicht gefährdet. Die Art war früher häufiger. Bestand rückläufig.

23–30 mm | §

Stiefmütterchen-Perlmutterfalter
Argynnis (= *Fabriciana*) *niobe*
Familie Edelfalter

Aussehen: Oberseite leuchtend lederbraun und schwarz gefleckt, Unterseite der Hinterflügel meist an der Basis grünlich übergossen, oft ohne Silberflecken (Form *eris*). In dem rotbraunen Fleck nahe der Basis ein kleiner silbriger oder gelblicher Fleck, meist schwarz gekernt. Die Adern sind gegen den Außenrand zu schwarz. Sehr variabel mit Tendenz zur Herausbildung dunkler Formen. Die gilt besonders für die Weibchen, die häufig mehr oder weniger verdunkelt sind.
Vorkommen: Auf Wald- und Bergwiesen, bis über die Baumgrenze hinauf, in den Alpen bis in Höhen um 2500 m.
Flugzeit: Von Juni bis August in einer Generation.
Raupe: Braun, mit rötlichweißen Dornen; Seiten weiß gefleckt; der weiße Rückenstreifen ist schwarz eingefaßt, Seitenstreifen dunkel, Kopf rostgelb.
Futterpflanzen: Veilchen-Arten, hauptsächlich das Hundsveilchen (*Viola canina*).
Puppe: Bräunliche Stürzpuppe, mit metallischen Spitzen am Rücken.
Überwinterung: Als junge Raupe, fertig entwickelt in der Eischale.

Gefährdung
Gefährdet. Die Art war früher häufiger. Bestand rückläufig.

18–21 mm §

Braunfleckiger Perlmutterfalter

Clossiana selene

Familie Edelfalter

Aussehen: Oberseite orangebraun mit schwarzen Flecken. Auf den Hinterflügeln an der Basis ein runder, schwarzer Fleck; Unterseite der Hinterflügel mit gelbem oder silbernem Schrägband, Randflecken ebenfalls gelblich oder silbern. Im äußersten Norden existiert eine dunklere Form, kräftiger gezeichnet.

Vorkommen: Weit verbreitet, an Waldrändern und Lichtungen, Auen, Bruchwald, nasse Wiesen und feuchte Hänge. Die Männchen fliegen im Suchflug eifrig umher, während die trägeren Weibchen meist auf Blüten sitzen und nur wenig umherfliegen.

Flugzeit: Von April bis Juni und Juli bis August in 2 Generationen.

Raupe: Rosabraun, schwarz gezeichnet, mit weißen Punkten und gelblichen Dornen. Der Kopf ist schwarz, dahinter sitzt ein langes schwarzes Dornenpaar. Die Raupen sind überwiegend nachtaktiv.

Futterpflanzen: Heidelbeere, Hunds- und Sumpfveilchen.

Puppe: Gelbbraun, dunkel gezeichnet, an Stengeln befestigt.

Überwinterung: Als Raupe in einem zusammengerollten Blatt.

Gefährdung

Nicht gefährdet. Die Falter werden aber durch zunehmende Entwässerung von Feuchtgebieten immer seltener. Bestand rückläufig.

19–23 mm | [habitat icon] | §

Veilchen-Perlmutterfalter
Clossiana euphrosyne
Familie Edelfalter

Aussehen: Dem Braunfleckigen Perlmutterfalter sehr ähnlich, aber in dem gelben Schrägband auf der Unterseite der Hinterflügel befindet sich ein großer zentraler Silberfleck.
Vorkommen: Weit verbreitet, an Waldrändern und in Lichtungen, in Gehölzen; gern an feuchten Orten; bis zur Baumgrenze.
Flugzeit: Von April bis Juni und Juli bis August, in 2 Generationen. Im Gebirge (und im Norden) nur eine von Mai bis August.
Raupe: Schwarzbraun, längs der Stigmen weiß gefleckt; die Dornen sind schwarz bis gelb oder weiß, der Kopf ist schwarz. Die Raupen fressen bis Ende Juli, überwintern halberwachsen und schließen ihre Entwicklung im Frühjahr ab.
Futterpflanzen: Hunds-, Wald-, März- und Rauhhaar-Veilchen.
Puppe: Bräunliche Stürzpuppe, schwarz gezeichnet, mit metallischen Flecken und schwarzen Höckern am Hinterleib. Die Verpuppung erfolgt an einem Blatt oder Stengel.
Überwinterung: Als halberwachsene Raupe in einem zusammengerollten und abgestorbenen Blatt.

Gefährdung
Nicht gefährdet. Die Art war früher häufiger. Bestand rückläufig.

20–24 mm | §

Flockenblumen-Scheckenfalter
Melitaea phoebe
Familie Edelfalter

Aussehen: Oberseite kräftig gelbbraun, mit ausgeprägter schwarzer Zeichnung, orangefarbene Fleckenreihe vor dem Rand. Unterseite der Hinterflügel gelbe Randbinde mit orangeroten, runden Flecken. Sehr variabel. Weibchen oberseits oft dunkler und meist größer als das Männchen.
Vorkommen: Südeuropa, nordwärts nur bis Mitteldeutschland, auf Wiesen und blumenreichen Berghängen, in den Alpen bis über 2000 m.
Flugzeit: Nördlich der Alpen und in den Gebirgen von Mai bis Juli, in einer Generation; im Süden 2 Generationen von April bis Juni und Juli bis September.
Raupe: Schwarzgrau, weiß gefleckt, mit weißgelben Seitenstreifen, Dornen rotbraun und kurz behaart. Der Kopf ist schwarz.
Futterpflanzen: Skabiosen- und Wiesen-Flockenblume, Wegerich, Echte Kratzdistel.
Puppe: Gelbliche Stürzpuppe, schwarz-gelb gezeichnet, mit goldglänzenden Warzen am Hinterleib.
Überwinterung: Als Raupe an der Futterpflanze.

Gefährdung

Gefährdet durch Aufforstung und intensive Nutzung von Trockenrasen.

18–20 mm | §

Wachtelweizen-Scheckenfalter

Melitaea (= *Mellicta*) *athalia*

Familie Edelfalter

Aussehen: Regelmäßig mit schwarzen, braunen und gelblichen Querbinden gezeichnet. Auf der Unterseite der Vorderflügel ist die Randzeichnung unregelmäßig; Unterseite der Hinterflügel mit gelblichweißen und braunen Querbinden, diese in schwarze Bögen eingefaßt. Eine außerordentlich variable Art. Eine Abgrenzung zu den nahe verwandten Arten dieser Gattung ist meist nur dem Spezialisten möglich.

Vorkommen: Verbreitet und häufig, auf blumenreichen Wiesen, Heiden, Mooren, Waldrändern und Lichtungen, bis über 2000 m.

Flugzeit: Von Mai bis August, in einer Generation, im Süden 2 Generationen.

Raupe: Schwarz, weißlich punktiert, an den Seiten gelbgrüne Warzen, Dornen bräunlich bis orangegelb mit weißen Spitzen. Die Raupen leben in Gespinsten auf der Unterseite von Blättern.

Futterpflanzen: Wachtelweizen-Arten, Wegerich u. a. Kräuter.

Puppe: Hellgrau, mit schwarzen Flecken und gelbgeringelten Punkten, an Stengeln und Blättern hängend.

Überwinterung: Als Raupe zwischen Fallaub.

Gefährdung

Nicht gefährdet. In Europa ist der Bestand jedoch stark rückläufig.

17–19 mm |  | §

Skabiosen-Scheckenfalter
Euphydryas aurinia
Familie Edelfalter

Aussehen: Grundfarbe der Oberseite braungelb mit rotbraunen Flecken, die schwarze Zeichnung und auch die Färbung ist variabel. Hinterflügel mit schwarzen Punkten (oft hell umrandet) in der braunen Binde vor dem Flügelrand. Unterseite heller und kontrastarm, ansonsten der Oberseite ähnlich.
Vorkommen: Verbreitet, auf feuchten Wiesen, Sumpfflächen und Mooren, bis ca. 1500 m.
Flugzeit: Von Mai bis Juli, in einer Generation.
Raupe: Schwarz, auf dem Rücken mit Bändern aus weißen Flecken und ebenfalls an den Stigmen, Dornen schwarz, Bauchbeine rötlichbraun. Fressen und leben unter einem gemeinsamen Gespinst an der Futterpflanze.
Futterpflanzen: Vor allem Teufelsabbiß (*Succisa pratensis*), Acker-Skabiose, Große Flockenblume, Wegerich und andere Pflanzen.
Puppe: Grünlichweiße Stürzpuppe, schwarz gezeichnet mit orangen Flecken, an Stengeln oder Blättern angeheftet.
Überwinterung: Als Raupen im Gespinst an der Futterpflanze.

Gefährdung

Gefährdet durch Entwässerung, Düngung und Nutzungsintensivierung von Feuchtgebieten, d. h. direkte Biotopvernichtung.

19–21 mm

Veilchen-Scheckenfalter
Euphydryas cynthia
Familie Edelfalter

Aussehen: Oberseite des Männchens weiß, mit rotbraunen Flecken und Binden und kräftiger schwarzer Zeichnung. Auf den Hinterflügeln mit schwarzen Punkten im rotbraunen Band. Die Ausbildung der Fleckenzeichnung ist sehr variabel. Die Oberseite des Weibchens ist einförmig rotbraun, die Flecken und Binden sind nur wenig kräftiger gefärbt. Unterseite in beiden Geschlechtern gelblich, mit rotbraunen Binden und Flecken.
Vorkommen: In den Alpen weit verbreitet, obere Höhengrenze bis etwa 3000 m, in den Voralpen schon ab 600 m. Auf Bergwiesen, grasigen Halden und Latschenbeständen.
Flugzeit: Je nach Höhenlage von Mai bis August in 1 Generation.
Futterpflanzen: Vor allem Gemeiner Frauenmantel und Alpen-Wegerich, auch Veilchen-Arten.
Raupe: Schwarz, mit gelben Einschnitten und gelben Seitenstrichen. Körper und Dornzapfen sind dicht, borstig, schwarz behaart.
Puppe: Weißgrau, mit schwarzer Zeichnung und gelben Strichen.
Überwinterung: Als Raupe, in einem gemeinsamen Gespinst.

Gefährdung
Nicht gefährdet. Eine häufige Art in den Alpen und Voralpen.

17–19 mm | §

Hochalpen-Perlmutterfalter
Boloria pales
Familie Edelfalter

Aussehen: Grundfarbe der Oberseite leuchtend rotbraun mit dunklen Flecken, Basalbereich dunkel bestäubt. Unterseite der Hinterflügel ebenfalls rotbraun, mit gelblichen und silberweißen Flekken und Streifen. Beim Weibchen sind die dunklen Fleckenreihen kräftiger entwickelt.
Die Unterscheidung von der sehr ähnlichen Art *B. napaea* ist nicht immer leicht.
Vorkommen: Nur in den Alpen oberhalb der Baumgrenze bis 3000 m, auf sonnigen Alpenmatten, Glazialrelikt, mit schwirrendem Flug dicht über dem Boden.

Flugzeit: Von Juni bis August in 1 Generation.
Raupe: Dunkelbraun, mit schwärzlichen Punkten, gelblicher Rückenlinie und tiefschwarzen, gelb eingefaßten Fleckenreihen. Die schwarz beborsteten Dornen sind blaßgelb.
Futterpflanzen: Vor allem Veilchen-, aber auch *Rubus*-Arten u.a.
Puppe: Graubraune Stürzpuppe, gedrungen, ohne Kopfspitzen, dunkel gezeichnet, meist unter Steinen.
Überwinterung: Die halberwachsene Raupe überwintert zweimal in einem leichten Gespinst.

Gefährdung

Nicht gefährdet. Einer der häufigeren Alpenfalter.

23–28 mm | §

Schachbrett
Melanargia galathea
Familie Augenfalter

Aussehen: Beide Flügelpaare oberseits schachbrettartig schwarzweiß gemustert (z. T. gelblich). Unterseite der Hinterflügel vor dem Rand mit dunkler Binde, in der kleine, runde Augenflecken liegen. Das Weibchen ist größer als das Männchen.
Vorkommen: Verbreitet, allerdings im Süden häufiger, nicht im äußersten Norden; auf Grasland, Trockenhängen, Waldrändern und -lichtungen, von der Meeresküste bis 2000 m im Gebirge.
Flugzeit: Von Ende Juni bis August, in 1 Generation. Besonders aktiv in den Mittagsstunden.
Raupe: Gelblich-grün, mit zwei dunklen, weiß gesäumten Rükkenlinien und gelblichen bis weißlichen Seitenlinien, kurz und dicht behaart. Familientypische, kurze Schwanzgabel mit rötlichbraunen Spitzen. Fressen nur nachts.
Futterpflanzen: Verschiedene weiche Gräser, z. B. Lieschgras, Honig- und Knäuelgras.
Puppe: Gelbgrau, seitlich mit schwarzen Punkten; Verpuppung auf dem Boden unter der Futterpflanze.
Überwinterung: Als Raupe, zwischen abgestorbenen Grashalmen.

Gefährdung

Nicht gefährdet. Die Art war früher häufiger. Bestand rückläufig.

22–23 mm   §

Eisenfarbiger Samtfalter
Hipparchia statilinus
Familie Augenfalter

Aussehen: Oberseite des Männchens dunkelbraun, fast einfarbig, mit blinden Augenflecken auf den Vorderflügeln; Unterseite mehr graubraun, die Vorderflügel mit zwei gelbgerandeten Augenflekken. Oberseite des Weibchens heller, dadurch die Binde und Augenflecken besser erkennbar, Unterseite der Hinterflügel hell, grau. Außerordentlich variabel.
Vorkommen: Lokal in sandigen, trockenen Gegenden, auch in lichten Wäldern. Kommt nicht im äußersten Norden vor.
Flugzeit: Von Juli bis September in einer Generation. Die Weibchen erscheinen etwa zwei Wochen später als die Männchen.
Raupe: Gelblichgrau, mit dunklen, gleich breiten Streifen und roten Stigmen (Atemöffnungen). Der Kopf ist bräunlich.
Futterpflanzen: Verschiedene Gräser, u. a. Schafschwingel, Silbergras und Einjähriges Rispengras.
Puppe: Braun mit langen Flügelscheiden.
Überwinterung: Als junge Raupe.

Gefährdung

Verschollen. Dieser Bewohner xerothermer Sandgrasheiden konnte die letzten 50 Jahre nicht mehr nachgewiesen werden. Biotopvernichtung und -einengung (Aufforstung) dürften die Ursachen sein.

27–34 mm | §

Kleiner Waldportier
Hipparchia hermione (= *alcyone*)
Familie Augenfalter

Aussehen: Oberseite graubraun, auf den Vorderflügeln eine gelbliche, klar begrenzte Binde mit zwei unterschiedlich großen Augenflecken. Auf den Hinterflügeln ist die Binde breiter. Auf der Unterseite der Vorderflügel ist die Binde ebenfalls gelblich, der Außenrand des dunklen Basalbereiches stößt scharf und weit in diese Binde vor. Das Weibchen ist etwas größer als das Männchen, mit breiteren und helleren Binden.
Vorkommen: Lokal an trockenen und sandigen Stellen in lichten Kiefernwäldern, in der Lüneburger Heide und Südwestdeutschland. Im Hügelland bis 1500 m.
Flugzeit: Im Juli und August, in einer Generation.
Raupe: Bräunlich mit schwarzer Rückenlinie, diese an beiden Enden zugespitzt, und weiteren dunkelbraunen Längsstreifen. Die Raupen sind nachtaktiv, tagsüber in der Vegetation versteckt.
Futterpflanzen: Hartgräser, fast ausschließlich an Fieder-Zwenke (*Brachypodium pinnatum*).
Puppe: Kastanienbraun, liegt in losem Gespinst auf der Erde.
Überwinterung: Als junge Raupe.

Gefährdung

Vom Aussterben bedroht. War immer schon sehr selten, da sie von Natur aus ein sehr eingeschränktes Verbreitungsareal besitzt.

27–35 mm | §

Blauäugiger Waldportier
Minois dryas
Familie Augenfalter

Aussehen: Oberseite dunkel- bis schwarzbraun, auf den Vorderflügeln mit zwei blaugekernten, schwarz umringten Augenflecken. Außenrand der Hinterflügel gewellt. Unterseite heller, die Augenflecken zusätzlich gelbbraun umringt. Die größeren Weibchen sind heller braun und haben größere Augenflecken. Färbung der Hinterflügelunterseiten bei beiden Geschlechtern sehr variabel.
Vorkommen: Auf Feuchtwiesen, Quellhängen und sumpfigen Waldwiesen, im Süden auch in lichten Wäldern; fliegt bis ca. 1500 m Höhe.
Flugzeit: Von Juli bis September, in 1 Generation. Typischer, langsamer hüpfender Flug.
Raupe: Gelblichgrau mit dunkler Rückenlinie und breiteren, dunklen Seitenlinien. Einzelgänger.
Futterpflanzen: Vor allem Glatthafer (*Arrhenatherum elatius*).
Puppe: Braun und gedrungen, liegt frei am Boden.
Überwinterung: Als Raupe an der Futterpflanze und anderen Gräsern z. B. Pfeifengras oder Schilf.

Gefährdung

Stark gefährdet aufgrund von Arealeinbußen, Biotopvernichtung (Entwässerung von Feuchtgebieten) und Nutzungsintensivierung (Düngung).

33–40 mm | §

Weißer Waldportier
Kanetisa (= Brintesia) circe
Familie Augenfalter

Aussehen: Oberseite dunkelbraun, mit breiter, weißer Binde über beide Flügel, zum Vorderflügelrand mit schwarzem Augenfleck, der auf der Unterseite manchmal weiß gekernt ist. Die Flügelunterseiten sind weiß-grau gemustert.
Vorkommen: Von den Mittelgebirgen nach Süden; lokal, nördlich der Alpen auf Wärmeinseln beschränkt. In trockenen, lichten Wäldern, Lichtungen, Waldwiesen, seltener Auen, bis etwa 1500 m. Die Falter sitzen gerne an Baumstämmen.
Flugzeit: Von Juni bis September, in einer Generation.
Raupe: Bräunlichgrau, mit schwarzer Rückenlinie und braunen Seitenlinien. Über den Füßen ein gelblicher Streifen; der Kopf ist hellgelb mit schwarzen Streifen. Die Raupen sind nachtaktiv.
Futterpflanzen: Lolch- und Trespen-Arten sowie Ruchgras.
Puppe: Braun, gedrungen, mit gelben Flecken auf den Flügelscheiden. Die Puppe liegt in der Bodenstreu eingewühlt.
Überwinterung: Als junge Raupe, an den Futtergräsern.

Gefährdung

Stark gefährdet, u.a. durch Begradigung und Veränderung von Waldsäumen sowie Erd- und Torfabbau.

22–26 mm | §

Wald-Mohrenfalter
Erebia aethiops
Familie Augenfalter

Aussehen: Oberseite dunkelbraun, mit rotbrauner Binde auf beiden Flügeln, in dieser weißgekernte und schwarz umringte Augenflecken (beim Weibchen auf den Hinterflügeln größer). Unterseite heller, Vorderflügel ähnlich der Oberseite, die Hinterflügel mit hellgrauer Binde und unscheinbaren, weißen Augenflekken.
Vorkommen: Waldränder und Waldlichtungen, feuchtes Grasland, im Gebirge bis ca. 2000 m.
Flugzeit: Von Juli bis Anfang September, je nach Höhenlage; in einer Generation.
Raupe: Graugelb bis ockerfarben, dunkle Rücken- und weißliche Seitenlinien, kurz beborstet; Kopf rotbraun. Nachtaktiv, versteckt sich tagsüber am Boden der Futterpflanze; fressen bis Oktober, überwintern und sind dann Ende Juni ausgewachsen.
Futterpflanzen: Pfeifengras, Blaugras, Rispen- und andere Gräser.
Puppe: Bräunlichgelb, mit dunkler Rückenlinie und weißlichen Flügelscheiden, in lockerem Gespinst am Boden oder zwischen den Grundblättern.
Überwinterung: Als junge Raupe, zwischen der Futterpflanze.

Gefährdung

Gefährdet. Alle europäischen *Erebia*-Arten sind geschützt.

24–27 mm | §

Großer Mohrenfalter
Erebia ligea
Familie Augenfalter

Aussehen: Schwarzbraun mit rotbrauner Binde und darin liegenden, weißgekernten, schwarz umringten Augenflecken. Unterseite heller, Hinterflügel mit weißer Binde vor den Augenflecken. Die Weibchen sind meist kleiner. Die Vertreter der Gattung *Erebia* sind nicht immer leicht zu bestimmen, da sie in Europa in einer großen Arten- und Formenvielfalt vorkommen.
Vorkommen: In den deutschen Mittelgebirgen und südlich davon; in lichten Wäldern und am Waldrand, lokal häufig.
Flugzeit: Von Juli bis August, in einer Generation.
Raupe: Gelbgrau, mit braunem, hell eingefaßtem Rückenstreifen und zwei hellen Seitenlinien. Die Raupe ist nachtaktiv.
Futterpflanzen: Vor allem Flattergras, Bluthirse und andere Gräser.
Puppe: Hellbraun, mit schwarzer Zeichnung, liegt frei am Boden.
Überwinterung: Als fertig entwikkelte, junge Raupe im Ei, aber auch als frischgeschlüpfte junge Raupe oder auch ein zweites Mal als fast erwachsene Raupe.

Gefährdung

Als eigentlicher Waldbewohner nicht gefährdet. Alle europäischen *Erebia*-Arten sind aber geschützt.

22–26 mm

Ochsenauge

Maniola jurtina

Familie Augenfalter

Aussehen: Oberseite dunkelbraun; Männchen mit kleinem, schwarzen, rotbraun umringten Augenfleck nahe der Flügelspitze; Unterseite der Hinterflügel mit kleinen Augenflecken. Weibchen mit gelb-bis rotbrauner Binde und Augenfleck auf den Vorderflügeln, Unterseite der Hinterflügel ohne Augenflecken.
Vorkommen: Weit verbreitet, überall häufig, auf Wiesen, Grasland, Hecken, Waldränder und lichte Wälder; von der Meeresküste bis ca. 1500 m.
Flugzeit: Von Juni bis August, in einer Generation.
Raupe: Grün, lang weiß behaart, mit gelblich-weißem Fußstreifen, Schwanzgabel mit weißlichen Spitzen, Kopf blaugrün. Meist nachtaktiv, tagsüber unten an der Futterpflanze versteckt.
Futterpflanzen: Verschiedene Gräser, vorzugsweise Rispen- und Straußgräser.
Puppe: Grünlichgelbe Stürzpuppe, mit schwärzlichen Längsstreifen, an Grashalmen befestigt.
Überwinterung: Als junge Raupe, die bei mildem Wetter auch im Winter an der Futterpflanze frißt. Bei Kälte verkriecht sie sich zwischen den Blättern.

Gefährdung

Nicht gefährdet. Einer der häufigen Falter Europas.

17–20 mm §

Braungerändertes Ochsenauge
Pyronia tithonus
Familie Augenfalter

Aussehen: Orangegelb bis rötlichbraun mit breitem braunem Außenrand, der schwarze Augenfleck ist doppelt weißgekernt. Unterseite der Hinterflügel mit gelblicher Binde, in dieser weißgekernte Augenflecken.

Vorkommen: In West-, Mittel- und Südeuropa weit verbreitet, aber lokal; fehlt in den Nord- und Zentralalpen sowie im nördlichen Alpenvorland. In trockenen Laubwäldern, Lichtungen, Waldrändern und Hecken.

Flugzeit: Im Juli und August, in einer Generation.

Raupe: Bräunlich, manchmal mit Grün gemischt, einer dunkelbraunen Rückenlinie und einem dunkel gerandeten, weißlichen Fußstreifen. Meist nachtaktiv, tagsüber am Boden zwischen Grashalmen versteckt.

Futterpflanzen: Verschiedene Gräser, besonders Rispen- und Flattergras.

Puppe: Grüngraue Stürzpuppe, hinten mit rötlichen und schwarzen Flecken, an Grashalmen angesponnen.

Überwinterung: Als junge Raupe, an der Basis der Grasblätter.

Gefährdung

Gefährdet. Die Art war früher häufiger. Sie ist auf ausgedehnte lichte (Eichen-) Laubwälder in tieferen Lagen angewiesen.

20–24 mm | §

Brauner Waldvogel
Aphantopus hyperantus
Familie Augenfalter

Aussehen: Oberseite dunkelbraun mit kleinen, schwarzen, gelb umringten Augenflecken, die nur auf den Hinterflügeln weißlich gekernt sind. Unterseite gelblichbraun mit deutlichen, gelb umringten Augenflecken. Beim Weibchen ist die Oberseite etwas heller als beim Männchen.
Vorkommen: An Waldrändern und Waldlichtungen, Gebüsche und Hecken sowie etwas feuchte Grasflächen, vom Tiefland bis 1500 m im Gebirge.
Flugzeit: Von Juni bis August, in einer Generation.
Raupe: Ockerfarben bis gräulich, mit dunkler Rückenlinie, undeutlichen Seitenstreifen und weißem Fußstreifen; ziemlich dick, mit kurzen dunklen Borsten versehen, Kopf rotbraun. Nachtaktiv, tagsüber an der Basis der Futterpflanze versteckt.
Futterpflanzen: Verschiedene Gräser.
Puppe: Gedrungen, mit kurzem Hinterleib; hellbraun, mit dunkelbraunen Längsstreifen; in lockeren Gespinsten am Boden unter der Futterpflanze.
Überwinterung: Als junge Raupe an der Futterpflanze, frißt bei mildem Wetter auch im Winter.

Gefährdung

Nicht gefährdet. Weit verbreitet und durchaus nicht selten.

17–20 mm | [habitat symbol] | §

Weißbindiges Wiesenvögelchen
Coenonympha arcania
Familie Augenfalter

Aussehen: Oberseite der Vorderflügel gelbrot mit breitem, braunem Saum; Hinterflügel dunkelbraun mit schmaler, oranger Randbinde und zwei schwarzen, orange umringten Augenflecken. Unterseite der Hinterflügel mit weißer Querbinde, die weißgekernten Augenflecken sind gelbbraun und schwarz umringt, am Flügelrand befindet sich eine silbrige Randbinde.
Vorkommen: In lichten Wäldern, Auen, Waldrändern und um Gebüsch; am häufigsten im Hügelland; vom Flachland bis etwa 1300 m in den Alpen (in den Pyrenäen bis über 2000 m).
Flugzeit: Juni und Juli in einer Generation; die Weibchen erscheinen viel später als die Männchen.
Raupe: Schlank, spindelförmig, grün, mit dunklem Rücken- und gelblichen Seitenstreifen; Fußstreifen gelblich, Afterspitzen rötlich.
Futterpflanzen: Verschiedene Gräser, vor allem Perlgras-Arten.
Puppe: Grüne Stürzpuppe, mit braunen Längsstreifen.
Überwinterung: Als Raupe an der Futterpflanze.

Gefährdung

Nicht gefährdet. Die Art war früher allerdings häufiger. Alle europäischen Arten der Gattung *Coenonympha* sind geschützt.

Wald-Wiesenvögelchen
Coenonympha hero
Familie Augenfalter

Aussehen: Oberseite einförmig braun, auf den Hinterflügeln drei bis vier rotbraun umringte, ungekernte Augenflecken und eine kurze, rotbraune Randbinde am Innenwinkel. Vorderflügel auf der Unterseite mit oranger Randbinde, Unterseite der Hinterflügel mit einer Reihe von weißgekernten, breit orange umringten Augenflecken, innen mit einem weißen, außen mit einem schmäleren, bleigrauen Streifen. Die Art ist lokal und sehr variabel.
Vorkommen: Eine östliche (Sibirien)Art, deren Verbreitungsgebiet mit einem schmalen Band die Kanalküste Frankreichs erreicht. Sehr lokal und selten in Mitteldeutschland und etwas häufiger im nördlichen Alpenvorland, bis über 1300 m. Streu-, Moor- und Waldwiesen, Auen.
Flugzeit: Ende Mai bis Anfang Juli in einer Generation.
Raupe: Grün, mit dunklem Rükken- und weißem Fußstreifen; sie ist nachtakiv.
Futterpflanzen: Verschiedene Gräser, vor allem Strandroggen.
Puppe: Gedrungene Stürzpuppe.
Überwinterung: Als junge Raupe.

Gefährdung

Stark gefährdet durch Biotopzerschneidung und -vernichtung, z. B. Entwässerung, Abtorfung und Aufforstung in Feuchtgebieten.

19–22 mm

Waldbrettspiel
Pararge aegeria
Familie Augenfalter

Aussehen: Oberseite dunkel- bis graubraun, mit charakteristischer gelber Fleckenzeichnung; ein Augenfleck vor der Spitze; Hinterflügel mit drei bis vier schwarzen, weißgekernten Augenflecken in der orangen bis gelben Randbinde. Unterseite der Vorderflügel wie Oberseite, Unterseite der Hinterflügel braungelb marmoriert, Augenflecken nur wenig dunkler.
Vorkommen: In lichten Wäldern, Schneisen und Waldrändern, die Art ist sehr schattenliebend.
Flugzeit: Von Mitte April bis Ende Juni und Juli bis Mitte September in 2 Generationen (selten 3 Generationen).
Raupe: Hell mattgrün, mit hellen und dunklen Längsstreifen, Schwanzgabel weißlich. Tagaktiv.
Futterpflanzen: Knäuelgras, Rispengras, Quecke, Zwenke u. a.
Puppe: Stürzpuppe, teils leuchtend grün, teils lehmfarben gezeichnet. An Pflanzenstengeln nahe der Erde befestigt.
Überwinterung: Als junge Raupe, aber auch als Puppe, die nach sechsmonatiger Puppenruhe den Frühjahrsfalter ergibt. Im Spätfrühling fliegen dann die Falter, die als Raupe überwintert haben.

Gefährdung
Nicht gefährdet. Die Art war früher häufiger. Bestand rückläufig.

19–26 mm | §

Mauerfuchs
Lasiommata megera
Familie Augenfalter

Aussehen: Oberseite orangebraun mit dunkelbrauner Gitterzeichnung und breitem, braunem Randsaum. Die schwarzen Augenflecken sind weißgekernt. Unterseite der Hinterflügel graugelb, mit zackigen Querlinien und gelbumringten Augenflecken. Oberseite der Weibchen meist heller.
Vorkommen: An trockenen und sonnigen Felshängen, auf Geröllhalden, in buschreichem Gelände, gern an Mauern und Felswänden, in denen sich die Falter nachts in Ritzen verstecken; in den Bergen bis etwa 1200 m.
Flugzeit: Von Mai bis Juni und von Juli bis September in 2 Generationen. Sitzt meist mit geschlossenen Flügeln an Mauern und Steinen.
Raupe: Mattgrün, mit weißen Linien entlang dem Rücken und der Seiten. Die Raupe ist meist nachtaktiv.
Futterpflanzen: Verschiedene Gräser, wie Rispen- und Knäuelgras, aber auch Schwingel-Arten.
Puppe: Grüne oder schwärzliche Stürzpuppe, an der Brust mit stumpfem Rückenhöcker; an Pflanzenstengeln angeheftet.
Überwinterung: Als Raupe der zweiten Generation.

Gefährdung

Nicht gefährdet. In ganz Europa weit verbreitet.

22–28 mm | §

Braunauge
Lasiommata maera
Familie Augenfalter

Aussehen: Grundfarbe der Oberseite braun, Vorderflügelspitze mit weißgekerntem, rotgelbumringtem Augenfleck. Beim Weibchen (Foto) ist die rotbraune Binde der Vorderflügel um den Augenfleck heller und gelblicher. Unterseite der Hinterflügel grau, braun gezeichnet, mit kleinen, gelbbraunumringten Augenflekken. Unterseite der Vorderflügel wie Oberseite, etwas heller.
Vorkommen: Weit verbreitet, von der Meeresküste bis ca. 2000 m in den Alpen; gern in lichten Wäldern und im Hügelland.
Flugzeit: Von Mai bis September in 2 nicht deutlich voneinander getrennten Generationen. Im Norden und im Gebirge nur eine Generation im Juni und Juli.
Raupe: Hellgrün, mit dunklem Rückenstreifen, daneben ein weißlicher Streifen und einen hellen Seitenstreifen, der unterseits dunkel eingefaßt ist.
Futterpflanzen: Rispengras, Roggen- und Strandgerste, Schwingel-Arten und andere Gräser.
Puppe: Schwärzlich oder grün, am Hinterleib seitlich je fünf gelbe Knöpfchen; mit löffelartig ausgehöhltem Kremaster.
Überwinterung: Als Raupe.

Gefährdung

Nicht gefährdet. Die Art war früher häufiger. Bestand rückläufig.

17–20 mm |  | §

Nierenfleck
Thecla betulae
Familie Bläulinge

Aussehen: Oberseite dunkelbraun, Hinterflügel kurz geschwänzt (daher auch die Bezeichnung „Zipfelfalter“ für die ganze Gruppe geschwänzter Bläulinge), dort mit kleinen, orangen Flecken. Weibchen mit großem, orangerotem Querfleck auf den Vorderflügeln. Unterseite orangegelb, mit feinen schwarzweiß gefärbten Querlinien.
Vorkommen: In lichten Wäldern, Waldränder, Parks, Buschland; die Art ist weit verbreitet, aber nirgends häufig; im Gebirge nur bis ca. 1000 m.
Flugzeit: Von Juli bis Oktober in 1 langgestreckten Generation.
Raupe: Grün, typische „Bläulings-Assel“: Der Körper erinnert an eine Assel, ist breit und dick, und an den Enden abgeflacht. Kopf zurückziehbar, Beine kurz, Behaarung fein und kurz.
Futterpflanzen: Schlehe, Pflaume und Zwetschge, auch Aprikose.
Puppe: Braune Gürtelpuppe, hell und dunkel gestrichelt, unter Blättern oder in der Bodenstreu am Fuß der Futterpflanze.
Überwinterung: Als kleine Raupe in der Eihülle (die Eier werden auf Zweigen, in Knospennähe abgelegt), schlüpfen im Frühjahr.

Gefährdung

Nicht gefährdet. Alle europäischen Bläulinge sind aber geschützt.

12–14 mm |  | §

Blauer Eichen-Zipfelfalter

Quercusia quercus

Familie Bläulinge

Aussehen: Oberseite des Männchens glänzend purpurblau mit schwarzer Randbinde; Unterseite grau mit weißem Querband auf allen Flügeln und orangegelben Flecken am Innenwinkel. Weibchen nur an der Basis der Vorderflügel oberseits purpurblau.
Vorkommen: An Eichenbestände gebunden, wobei die Falter bevorzugt um die Kronen der Bäume fliegen.
Flugzeit: Von Juni bis August, in einer Generation.
Raupe: Rötlichbraune „Bläulings-Assel" mit dunkel graubrauner Rückenlinie und gelbem Fußstreifen, Kopf klein, dunkelbraun. Die jungen Raupen bohren sich anfangs in die Knospen, später fressen sie auf der Oberseite von jungen Blättern.
Futterpflanzen: Eiche (*Quercus*) und zwar die jungen Blätter.
Puppe: Braun, mit drei Reihen dunkler Flecken auf dem Rücken. Die Verpuppung erfolgt Ende Mai in Rindenritzen oder in der Laubstreu am Boden.
Überwinterung: Als kleine Raupe in der Eihülle (auf Zweigen am Blütenknospenansatz abgelegt).

Gefährdung

Nicht gefährdet. Die Art war früher allerdings häufiger, als noch ausgedehnte Eichenbestände vorhanden waren. Bestand rückläufig.

16–20 mm | §

Eichen-Zipfelfalter
Nordmannia ilicis
Familie Bläulinge

Aussehen: Oberseite meist einfarbig dunkelbraun, Hinterflügel mit kurzen Zipfeln. Die Unterseite ist wenig heller, mit weißer Querlinie, die Hinterflügel zusätzlich mit orangeroten, beidseitig schwarzbegrenzten Randflekken und weißer Randlinie. Die Weibchen sind meist größer, und der orangefarbene Fleck (falls vorhanden) ist ausgedehnter, ebenso die roten Randflecken auf der Unterseite der Hinterflügel.
Vorkommen: An Eichen in lichter Buschvegetation und am Waldrand. Die Falter bevorzugen bestimmte Bäume, die in vielen Jahren von allen Tieren im Gebiet immer wieder aufgesucht werden.
Flugzeit: Von Juni bis Juli, in einer Generation.
Raupe: Blaßgrün, mit gelben Schrägstrichen und feinen rötlichen Haaren, der Kopf ist schwarz; an Blattunterseite.
Futterpflanzen: Eichen der verschiedenen Arten, meist kleine Büsche.
Puppe: Braune oder gelbgraue Gürtelpuppe mit drei Reihen dunkler Punkte, hängt meist an der Unterseite eines Blattes.
Überwinterung: Als kleine Raupe in der Eihülle (an Eichenzweigen).

Gefährdung

Gefährdet, durch den Rückgang alter Eichenbestände.

15–18 mm | §

Pflaumen-Zipfelfalter
Strymonidia pruni
Familie Bläulinge

Aussehen: Oberseite dunkelbraun, Hinterflügel mit orangegelben Randflecken und deutlichen Zipfeln. Die Weibchen sind am Vorderflügelrand orangegelb übergossen. Unterseite goldbraun, mit weiß-schwarzer Querlinie auf beiden Flügeln, Hinterflügel mit breiter, oranger Randbinde, innen und außen von schwarzen Flecken begrenzt.
Vorkommen: Hauptsächlich an Schlehengebüsch, aber auch an Zwetschgenbäumen.
Flugzeit: Von Juni bis August, in einer Generation.
Raupe: Hellgrüne „Bläulings-Assel“ mit weißlicher Rückenlinie und Schrägstreifen, Rücken mit braunen Warzen. Die Raupen fressen ab dem Frühjahr an sich gerade öffnenden Knospen, später an jungen Blättern.
Futterpflanzen: Meist Schlehe (*Prunus spinosa*), manchmal auch Zwetschgenbäume.
Puppe: Braun, schwarz-weiß gemustert, am Hinterleib mit braunen Knöpfen; erinnert an Vogelkot; sie ist an Blättern und Zweigen angesponnen.
Überwinterung: Als kleine Raupe in der Eihülle (die Eier werden in Gabeln kleiner Zweige geklebt).

Gefährdung
Nicht gefährdet. Aber lokal und meist nur einzeln vorkommend.

15–18 mm | §

Ulmen-Zipfelfalter
Strymonidia w-album
Familie Bläulinge

Aussehen: Oberseite dunkelbraun, im Winkel des Hinterflügels zuweilen mit kleinem, orangem Fleck. Die Hinterflügel sind 2-zipfelig. Die Unterseite ist wenig heller, mit weißen Querlinien, auf den Hinterflügeln ein deutliches „W" bildend; die orangerote Randbinde ist schwarzbegrenzt. Die Weibchen sind größer, mit etwas hellerer Grundfarbe der Oberseite.
Vorkommen: In Europa weit verbreitet, in Laubwäldern, Auen, einzelnen Baumgruppen und um Gebüsche.

Flugzeit: Von Ende Juni bis Anfang August, in einer Generation.
Raupe: Hellgrüne „Bläulings-Assel". Die Raupen schlüpfen im März und bohren sich in die Blütenknospen, später fressen sie vor allem an den Blattunterseiten.
Futterpflanzen: Alte Ulmen, Linde und andere Bäume.
Puppe: Gelbbraun, mit dunklen Flügelscheiden, kurz behaart, meist unten am Stamm oder an Blättern der Futterpflanze angesponnen.
Überwinterung: Als kleine Raupe in der Eihülle (in Astgabeln).

Gefährdung

Gefährdet durch Verlust von Laub- und Laubmischwäldern, Fichtenaufforstungen und Ulmensterben.

13–15 mm   §

Brombeer-Zipfelfalter
Callophrys rubi
Familie Bläulinge

Aussehen: Oberseite einheitlich braun; Unterseite grün, auf den Hinterflügeln oft eine unvollständige Reihe kleiner, weißer Flekken; die Schwänzchen sind sehr kurz. Das Weibchen meist mit etwas hellerer Grundfarbe der Oberseite.
Vorkommen: Überall häufig; sonnige Waldränder, Hecken, trockene Heide- und Ruderalflächen, aber auch Hügel, Moore etc.; von der Meeresküste bis ca. 2000 m.
Flugzeit: Von April bis Juli, in einer Generation, in wärmeren Gegenden von Ende März bis Juni und Juli bis August.
Raupe: Grüne „Bläulings-Assel“ mit gelben Längsstreifen, die gelbe Rückenlinie ist schwarz eingefaßt; zwischen den Segmenten stark eingeschnürt. Fressen an Blüten, unreifen Früchten und jungen Blättern; polyphag.
Futterpflanzen: Besen- und Stechginster, Heidelbeere, Brombeere, Hornklee, Kreuzdorn, Sonnenröschen und viele andere.
Puppe: Braun, rundlich und unbeweglich, kann einen zirpenden Ton hervorbringen.
Überwinterung: Als Puppe, unter der Blattstreu am Boden der Futterpflanze.

Gefährdung

Nicht gefährdet. Gehört zu den häufigsten Arten der Zipfelfalter.

16–17 mm | §

Dukatenfalter

Heodes virgaureae

Familie Bläulinge

Aussehen: Oberseite des Männchens leuchtend rotgolden, Flügel mit schwarzem Randsaum, auf den Hinterflügeln sind schwarze Flecken zwischen den Adern. Weibchen mit weniger zugespitzten Vorderflügeln, auf beiden Flügeln mit großen, schwarzen Flekken, Hinterflügel mehr oder weniger verdunkelt. Unterseite rotgelb, mit schwarzen Flecken, am Hinterflügel regelmäßige weiße Flecken. Die Art ist sehr variabel.
Vorkommen: Waldlichtungen, Waldränder, feuchte und blumenreiche Wiesen sowie Moore; im Gebirge bis über 1500 m (eine Unterart in den Zentral- und Südalpen bis gegen 2500 m).
Flugzeit: Von Juni bis August, in einer Generation.
Raupe: Typische grüne „Bläulings-Assel“ mit gelben Rücken- und Seitenstreifen; Kopf und Beine bräunlich. Sie ist nachtaktiv.
Futterpflanzen: Ampfer-Arten.
Puppe: Braune Gürtelpuppe, stark gerundet, mit dunklen Punkten am Hinterleib, über der Brust ein dunkler Längsstreifen.
Überwinterung: Als fertig entwikkelte Raupe in der Eihülle.

Gefährdung

Gefährdet. Die Art war früher häufig und ist heute durch Bestandseinbußen der Feuchtgebiete sehr viel seltener geworden.

16–18 mm | § |

Violetter Feuerfalter
Heodes alciphron
Familie Bläulinge

Aussehen: Oberseite des Männchens rotorange glänzend, stark violett übergossen, mit kleinen, schwarzen Flecken. Auf der graubraunen Unterseite sind die Flecken deutlicher und meist weiß eingefaßt; Hinterflügel mit orangefarbener Randbinde. Weibchen dunkelbraun, die schwarzen Flecken größer; Unterseite wie beim Männchen, die Vorderflügel aber orangegelb. Sehr variabel.
Vorkommen: Verbreitet, aber lokal auf blumenreichen Wiesen, an trockenen und warmen Plätzen; vom Flachland bis ca. 1000 m. Angaben über das Vorkommen auf feuchten Waldwiesen beruhen wohl auf falschen Fundortbeschreibungen.
Flugzeit: Ende Juni bis August, in einer Generation.
Raupe: Typische mattgrüne „Bläulings-Assel“, am Rücken und an den Seiten jeweils ein weißlicher Längsstreifen; Kopf rotbraun. Nachtaktiv.
Futterpflanzen: Ampfer-Arten.
Puppe: Olivgrüne Gürtelpuppe mit dunkleren Streifen und Punkten.
Überwinterung: Als junge Raupe.

Gefährdung

Gefährdet, durch Grünlandintensivierung und Bekämpfung des Sauerampfers.

14–16 mm  §

Brauner Feuerfalter
Heodes tityrus
Familie Bläulinge

Aussehen: Männchen oben dunkel graubraun, am Flügelrand undeutliche schwarze Flecken; bei entsprechendem Lichteinfall mit grünblauem Schiller. Weibchen oben orange, mit schwarzen Flekken. Flügelränder mit weißen Fransen. Flügelunterseiten gelbgrau, bei der Herbstgeneration schwefelgelb (daher auch der Name „Schwefelvögelchen"), mit schwarzen Flecken.
Vorkommen: An blumenreichen Wiesen, Waldlichtungen, Magerrasen und Flußauen (z.T. in feuchten Wiesen), bevorzugt im Flachland; mit einer Unterart in den Alpen bis ca. 2500 m. Die Falter sind lebhafte Blütenbesucher (Korbblütler), die aufgescheucht nicht mehr als 2 m weit fliegen.
Flugzeit: April, Mai und August, September in 2 Generationen.
Raupe: Einfarbig hellgrün, typische „Bläulings-Assel". April und Juni, Juli.
Futterpflanzen: Großer und Kleiner Sauerampfer sowie Besenginster (*Cytisus scoparius*).
Puppe: Grünlich, braun oder grauweiß, mit kleinen, schwarzen Flecken und dunkler Rükkenlinie.
Überwinterung: Als junge Raupe.

Gefährdung
Nicht gefährdet, wenn Wiesen mit Sauerampfer vorhanden sind.

16–17 mm | [habitat icon] | §

Kleiner Ampferfeuerfalter
Palaeochrysophanus hippothoe
Familie Bläulinge

Aussehen: Oberseite des Männchens tief rotgold glänzend mit purpurviolettem Schiller und dunklem Randsaum, Unterseite gräulich mit kleinen, schwarzen, weiß umrandeten Flecken. Weibchen orange, weniger glänzend; Hinterflügel schwarzbraun mit orangefarbener Saumbinde, Unterseite wie Männchen.
Vorkommen: Auf Sumpfwiesen, in Mooren und nahe bei Quellgebieten, lokal verbreitet und nicht selten; vom Tiefland bis über 1000 m (in einer Höhenform in den Alpen bis 2000 m an feuchten Stellen auf Bergmatten). Art mit montaner Tendenz, die im Tiefland Biotope bevorzugt, die kühler als die Umgebung sind.
Flugzeit: Mai–Juli, 1 Generation.
Raupe: Dunkelgrüne, typische „Bläulings-Assel", nachtaktiv.
Futterpflanzen: Verschiedene Ampfer-Arten, Wiesenknöterich.
Puppe: Liegt frei auf dem Boden, gelbbraun, mit schwarzgerandeten Flügelscheiden und schwarzer Punktzeichnung.
Überwinterung: Als junge Raupe.

Gefährdung

Gefährdet durch Bestandseinbußen der Feuchtgebiete. Die Art zeigt eine deutliche Präferenz für größere Grasflächen in Feuchtwäldern.

12–15 mm | §

Kleiner Feuerfalter
Lycaena phlaeas
Familie Bläulinge

Aussehen: Oberseite der Vorderflügel rotgold glänzend, mit breitem, dunkelbraunem Saum und schwarzbraunen Flecken. Hinterflügel überwiegend dunkelbraun mit rötlicher Saumbinde, davor oft mit blauen Flecken. Unterseite der Vorderflügel gelborange, mit gelblich gerandeten, schwarzen Flecken. Hinterflügel graubraun mit kleinen, schwärzlichen Flekken und undeutlicher oranger Punktreihe vor dem Saum.
Vorkommen: Weit verbreitet, in offenem Gelände, bevorzugt warme, sonnige Magerrasen mit vielen Blüten; bis etwa 2000 m.
Flugzeit: Von Mai bis Juni und Ende Juli bis Ende August in 2 Generationen; in warmen Gegenden gelegentlich 3 Generationen.
Raupe: Grüne „Bläulings-Assel" mit rötlicher Rückenlinie und rötlichen Fußstreifen.
Futterpflanzen: Ampfer- (*Rumex*) und Knöterich- (*Polygonum*) Arten.
Puppe: Bräunliche Gürtelpuppe mit schwarzen Flecken, an der Unterseite von Blättern und Stengeln befestigt.
Überwinterung: Als junge Raupe an der Unterseite von Blättern, manchmal auch als Falter oder Ei.

Gefährdung

Nicht gefährdet. Gehört zu den häufigeren Bläulings-Arten.

15–18 mm §

Wanderbläuling
Lampides boeticus
Familie Bläulinge

Aussehen: Oberseite des Männchens kräftig blau, mit zahlreichen Duftschuppen besetzt, so daß der Falter gräulich behaart wirkt (Foto links). Die dunkle Randbinde ist schmal. Hinterflügel mit kurzen, feinen Schwänzchen, davor jeweils zwei schwarze Flecken. Unterseite graubraun mit weißlichen und dunkelgrauen Querstreifen. Weibchen (Foto rechts) auf der Oberseite bräunlich, Unterseite wie Männchen.
Vorkommen: Südlich der Alpen überall häufig; bei uns nicht bodenständig und nur sehr selten zuwandernd (Einzelfunde).

Flugzeit: Von Juli bis September in 2 Generationen, in sehr warmen Gegenden auch mehr.
Raupe: Grüne „Bläulings-Assel" mit dunklen Flecken und weißlichen Schrägstrichen an den Seiten. Hinterende mit Papillen, aus denen zapfenförmige Organe ausgestülpt werden können. Frißt in den Fruchtkapseln des Blasenstrauches.
Futterpflanzen: Vor allem Blasenstrauch (*Colutea arborescens*).
Puppe: Rötlichgelbe Gürtelpuppe mit braunen Flecken.
Überwinterung: Meist als Ei, aber auch als Raupe und Puppe.

Gefährdung

Nicht gefährdet. Alle europäischen Bläulinge sind aber geschützt.

10–14 mm | §

Zwergbläuling
Cupido minimus
Familie Bläulinge

Aussehen: Oberseite dunkelbraun, mehr oder weniger blau bestäubt. Unterseite hellgrau mit kleinen, schwarzen Flecken, die weiß eingefaßt sind. Weibchen ohne die blaue Bestäubung der Oberseite.
Der Zwergbläuling ist der kleinste Vertreter der einheimischen Bläulings-Arten.
Vorkommen: Niederungen, Grasland und Magerrasen; von der Meeresküste bis ca. 3000 m; in den Alpen noch häufig.
Flugzeit: Im Norden und in den Alpen eine Generation im Juni und Juli, im Süden bisweilen 2 Generationen von April bis September.
Raupe: Blaß ockerfarben, mit schmaler, dunkler Rückenlinie und weißlichem Fußstreifen; Kopf schwarz, glänzend. Die Raupen bohren sich in die Blüten von Schmetterlingsblütlern, in denen sie sich von den Samenanlagen ernähren.
Futterpflanzen: Wundklee und andere Schmetterlingsblütler.
Puppe: Grünlich gelb, mit drei Längsreihen schwarzer Flecken.
Überwinterung: Als Raupe.

Gefährdung

Potentiell gefährdet, durch Überdüngung von Magerrasen, was den Rückgang der Raupen-Futterpflanzen bewirkt.

16–20 mm | §

Schwarzgefleckter Bläuling
Maculinea arion
Familie Bläulinge

Aussehen: Oberseite leuchtend blau mit breitem, schwarzem Saum und schwarzen Flecken. Unterseite grau mit schwarzen, weiß eingefaßten Flecken, Hinterflügel an der Basis blaugrün bestäubt; Fransen gescheckt.
Vorkommen: In trockenem, grasreichem Gelände, lokal und meist einzeln; bis über 2000 m.
Flugzeit: Von Ende Mai bis August in einer Generation.
Raupe: Blaß ockerfarben, Kopf schwarz. Junge Raupen fressen Thymianblüten und reifende Samen, lassen sich nach der 2. Häutung zu Boden fallen, wo sie mit einem Drüsensekret Ameisen (der Gattung *Myrmica*) anlocken, in deren Nester sie gebracht werden. Sie ernähren sich dort von Ameisenlarven und -eiern und überwintern. Die Verpuppung erfolgt im Ameisennest.
Futterpflanzen: Thymian.
Puppe: Gelbbraun mit grau geränderten Flügelscheiden. Der geschlüpfte Falter kriecht aus dem Nest und breitet seine Flügel aus.
Überwinterung: Als Raupe im Nest.

Gefährdung

Vom Aussterben bedroht. Gefährdet durch intensive Wiesennutzung (Düngung), die auch die Wirtsameise gefährdet.

12–15 mm | §

Geißkleebläuling
Plebejus argus
Familie Bläulinge

Aussehen: Oberseite des Männchens tief blau mit breitem, dunklem Randsaum. Unterseite grau, Flügel basal blau bestäubt, mit schwarzen, weiß eingefaßten Flecken und oranger Fleckenreihe vor dem Rand. Weibchen braun, oft basal blau bestäubt. Die Unterscheidung von ähnlichen Arten erfolgt anhand eines Dornes an Vorder- und Mittelschienen. Sehr variabel, viele Unterarten wurden beschrieben.
Vorkommen: In ganz Europa verbreitet, Heidegebiete, Grasflächen, Trockenrasen auf Kalkboden. Im Gebirge bis ca. 2400 m.
Flugzeit: Von Mitte Juni bis Mitte August in 1 Generation; im Süden 2 Generationen.
Raupe: Grün, mit weißbegrenzter, dunkelbrauner Rückenlinie und weißem Fußstreifen, Kopf schwarz, tag- und nachtaktiv. Stets von Ameisen umgeben.
Futterpflanzen: Hornklee, Besen- und Stechginster und andere Schmetterlingsblütler.
Puppe: Hellgrün, mit brauner Rückenlinie, am Boden der Futterpflanze.
Überwinterung: Als Ei. Die Eier werden einzeln auf die Blattunterseite der Futterpflanzen geheftet.

Gefährdung

Nicht gefährdet. Die Art war früher häufiger. Bestand rückläufig.

14–17 mm | §

Violetter Waldbläuling

Cyaniris semiargus

Familie Bläulinge

Aussehen: Oberseite des Männchens violettblau mit schwarzem Rand. Unterseite graubraun, mit schwarzen, weiß eingefaßten Flecken, Basalregion blaugrün bestäubt. Weibchen ober- und unterseits braun, ohne Zeichnung.
Vorkommen: Wiesen, Grasland und Waldlichtungen sowie grasige Hänge; im Gebirge bis über 2500 m. Die Falter sitzen fast immer auf Blüten, haben morgens die Flügel voll ausgebreitet und schließen sie immer mehr, je kräftiger die Sonne scheint; bei kühlem Wetter ruhen sie kopfabwärts an Halmen.
Flugzeit: Von Mai bis August, in einer oder zwei Generationen.
Raupe: Grün, mit dunkelgrüner Rückenlinie und hellen, unterbrochenen Seitenstreifen; Kopf schwarz, glänzend. Die jungen Raupen bohren sich in Blütenknospen ein und fressen an den Samenanlagen, Ende des Sommers setzen sie sich zur Überwinterung im Altgras fest. Im Frühjahr fressen sie junge Triebe.
Futterpflanzen: Klee, besonders Rot-Klee.
Puppe: Olivgrün, hängt meist am Stengel der Futterpflanze.
Überwinterung: Als junge Raupe.

Gefährdung

Nicht gefährdet. Die Art war früher häufiger. Bestand rückläufig.

15–17 mm | § |

Grünblauer Bläuling
Agrodiaetus damon
Familie Bläulinge

Aussehen: Oberseite des Männchens leuchtend grünblau mit breitem, dunklem Rand, an den Adern gegen die Basis zu etwas ausgezackt. Unterseite der Vorderflügel grau mit schwarzen, weiß eingefaßten Flecken, die der Hinterflügel dunkler, mehr braun, mit deutlichem weißem Streifen. Weibchen braun, meist kleiner, mit blauen Schuppen an der Brust und an der Flügelbasis; Unterseite sandbraun, wie beim Männchen gezeichnet.
Vorkommen: In gebirgigen Gegenden im Süden, bevorzugt auf Kalkboden an sonnigen Hängen, Brachflächen, Waldränder und Wegraine, fast bis 3000 m.
Flugzeit: Im Juli und August in einer Generation.
Raupe: Gelblich grün, dunkle gelbgesäumte Rückenlinie und breite, rote Seitenstreifen, fein und dicht behaart. Frißt ab Spätnachmittag an Blüten.
Futterpflanzen: Sand- und Saat-Esparsette.
Puppe: Braun bis ockergelb, am Rücken etwas dunkler.
Überwinterung: Als Ei oder Raupe.

Gefährdung

Stark gefährdet durch intensive Nutzung von Grünland und Brachflächen.

15–18 mm | [habitat symbol] | §

Silbergrüner Bläuling
Lysandra coridon
Familie Bläulinge

Aussehen: Oberseite des Männchens hell silberblau, Hinterflügel mit weiß eingefaßten, schwarzen Randflecken, Fransen gescheckt. Unterseite der Vorderflügel grau, Hinterflügel braun mit blassen orangeroten Randflecken. Oberseite des Weibchens braun, mehr oder weniger blau überstäubt. Die Intensität und Breite der dunklen Randbestäubung der Männchen variieren sowohl nach dem Fundort, als auch individuell.
Vorkommen: Auf warmen Trockenrasen mit Kalkboden, grasige Hänge, Wegränder, Feldraine; weit verbreitet, bis über 2000 m.
Flugzeit: Von Ende Juni bis Anfang September in 1 Generation.
Raupe: Blaugrün, mit zwei gelben, unterbrochenen Rückenlinien und einem doppelten, gelben Fußstreifen, Stigmen schwarz, Kopf glänzend schwarz. Die Raupen fressen Blätter und Blüten.
Futterpflanzen: Hufeisenklee, Kronwicke und verwandte Arten.
Puppe: Braungelb, mit dunkler Rückenlinie; liegt frei am Boden der Futterpflanze.
Überwinterung: Als kleine Raupe in der Eihülle (auf Blättern).

Gefährdung

Laut Roter Liste nicht gefährdet. Bestand aber rückläufig durch intensive Nutzung und Düngung von Trockenrasen.

14–17 mm | [habitat symbol] | §

Himmelblauer Bläuling
Lysandra bellargus
Familie Bläulinge

Aussehen: Oberseite des Männchens (links) leuchtend himmelblau mit feiner schwarzer Randlinie, Hinterflügel mit kleinen, dunklen Randpunkten. Unterseite graubraun mit schwarzen, weiß eingefaßten Flecken, Basis der Hinterflügel blaugrün bestäubt. Fransen weiß, kräftig braun gescheckt. Weibchen (rechts) braun, mehr oder weniger blau übergossen, auf den Hinterflügeln orangerote Randflecken.
Vorkommen: Auf warmen Magerrasen in kalkreichem Hügelland (trockener, sandiger Boden), vom Flachland bis in ca. 2000 m.
Flugzeit: Im Mai und Juni und von August bis September, in zwei Generationen.
Raupe: Blaugrün, fein schwarz beborstet, ähnlich dem Silbergrünen Bläuling, jedoch schon Ende April erwachsen. Frißt an Blüten, hält sich tagsüber aber versteckt.
Futterpflanzen: Hufeisenklee, Kronwicke und verwandte Pflanzen.
Puppe: Grünbraun, am Rücken etwas dunkler, Verpuppung am Boden in der Laubstreu.
Überwinterung: Als junge Raupe.

Gefährdung

Potentiell gefährdet. Gefährdung wie bei *L. coridon* durch Düngung von Magerrasen.

11–15 mm | § |

Malven-Würfelfleckfalter
Pyrgus malvae
Familie Dickkopffalter

Aussehen: Dunkelbraun mit typischen weißen Würfelflecken, Flügelfransen weiß und schwarz gefleckt. Unterseite heller braun, Hinterflügel mit gelblichgrüner Tönung, die weißen Flecken nicht scharf begrenzt wie auf der Oberseite. Weibchen meist größer.
Vorkommen: Weit verbreitet, auf sonnigem Grasland oft häufig, bis in ca. 2000 m.
Flugzeit: Von April bis Juli, in einer Generation. Die Falter fliegen nur bei Sonnenschein, mit reißendem Schwirrflug dicht über der Vegetation.
Raupe: Grünlich, langgestreckt mit großem, schwarzem Kopf. Die junge Raupe verbirgt sich unter einem Gespinst, wenn sie älter ist, wird ein Blatt heruntergezogen und mit der Unterlage versponnen. Dieses „Zelt" verläßt sie nur zum Fressen.
Futterpflanzen: U. a. Fingerkraut, Brombeere, Himbeere, Walderdbeere, Malve.
Puppe: Hellbraune Gürtelpuppe, schlank, am Rücken mit einer Doppelreihe aus schwarzen Punkten.
Überwinterung: Als Puppe, in einem lockeren Gespinst zwischen Stengeln an der Futterpflanze.

Gefährdung

Nicht gefährdet. Alle europäischen Dickkopffalter sind geschützt.

13–14 mm  

Dunkler Dickkopffalter

Erynnis tages

Familie Dickkopffalter

Aussehen: Oberseite dunkelbraun, weißlichgrau überstäubt, Außenrand mit kleinen, weißen Punkten, auf den Hinterflügeln ebenfalls weiße Randpunkte. Unterseite gelbbraun, mit in Querlinien angeordneten, feinen weißen Punkten. Falter einer eventuell möglichen 2. Generation sind etwas größer und heller.

Vorkommen: Weit verbreitet, besonders auf sonnigen und trockenen Hängen (mit wenig Vegetation), Grasland und Waldränder, in den Alpen bis ca. 2000 m.

Flugzeit: Von April bis Juni, in günstigen Lagen auch eine zweite Generation von Juli bis August.

Raupe: Hellgrün, mit gelblichem Seitenstreifen und schwarzen Stigmen, Kopf schwärzlich. Auch die Raupen dieser Art leben in versponnenen Blättern, welche sie nur nachts zum Fressen verlassen. Sie sind polyphag.

Futterpflanzen: Hornklee, Kronwicke, Mannstreu und viele andere Kräuter.

Puppe: Grünbraune Gürtelpuppe, schlank, fast nackt, mit rötlichem Hinterleib.

Überwinterung: Als erwachsene Raupe in einem großen Schutzgespinst aus Blättern.

Gefährdung

Nicht gefährdet. Eine der häufigen Arten Europas.

14–15 mm

Gelbwürfeliger Dickkopffalter

Carterocephalus palaemon

Familie Dickkopffalter

Aussehen: Oberseite dunkelbraun mit großen, orangegelben Würfelflecken. Unterseite heller braun, Flecken am Hinterflügel gelb. Weibchen mehr grau mit helleren gelben Flecken. Wie alle Dickkopffalter mit breitem Kopf und kräftigem Körper.

Vorkommen: Lichte Wälder, Auen, Waldränder, Moorwiesen, Blumenwiesen mit Gebüsch; vom Flachland bis über 1500 m. In ganz Mittel- und Nordosteuropa verbreitet, nördlich der Mittelgebirge aber nur lokal.

Flugzeit: Von Mai bis Anfang Juli, in einer Generation.

Raupe: Dunkelgrün, mit dunklen und hellen Längslinien, Kopf grün bis blaßbraun. Lebt wie die anderen Dickkopf-Raupen im Schutz eines röhrenförmig zusammengesponnenen Blattes.

Futterpflanzen: Trespen, Pfeifengras, Waldzwenke und andere Wildgräser.

Puppe: Graugelbe Gürtelpuppe, schlank mit langausgezogener Kopfspitze, bräunliche Längslinien auf den Flügelscheiden; in einem Kokon aus trockenen Grasblättern (im März).

Überwinterung: Als erwachsene Raupe in einem Blattgespinst.

Gefährdung

Nicht gefährdet. Die Art war früher häufiger ; Bestand rückläufig.

14–17 mm

Rostfarbiger Dickkopffalter

Ochlodes venatus

Familie Dickkopffalter

Aussehen: Oberseite gelbbraun, Männchen mit schwarzem Schrägstrich auf den Vorderflügeln. Unterseite grünlichgelb mit schwach gelben Würfelflecken. Weibchen dunkler braun, mit hellerer Basis der Vorderflügel und helleren Würfelflecken auf beiden Flügeln; Unterseite wie beim Männchen. Dem Kommafalter sehr ähnlich.

Vorkommen: Weit verbreitet und nicht selten, in offenem Gelände, Wiesen, Waldränder und Parklandschaften; bis 2000 m.

Flugzeit: Von Juni bis August, in 1 Generation; im Süden manchmal 2, oft 3 Generationen.

Raupe: Bläulichgrün, mit dunkler Rückenlinie und gelblicher Seitenlinie, Kopf schwarz. Lebt in zusammengefalteten Grasblättern.

Futterpflanzen: Knäuelgras, Waldzwenke und andere Gräser.

Puppe: Hellbraune Gürtelpuppe, die Flügelscheiden sind dunkelbraun und leicht bläulich bereift, Rüsselscheide sehr lang; Kopf und Hinterleib kurz weiß behaart; in einem Kokon zwischen Blättern.

Überwinterung: Als Raupe zwischen versponnenen Grasblättern.

Gefährdung

Nicht gefährdet. Eine der häufigen Arten Europas.

14–15 mm

Kommafalter

Hesperia comma

Familie Dickkopffalter

Aussehen: Oberseite goldbraun mit breiten, dunkelbraunen Flügelrändern, an der Spitze mit gelben Flecken, nur das Männchen im Wurzelbereich der Vorderflügel mit dem „Komma". Das Weibchen ist dunkler gefärbt, die kräftigeren weißen Flecken auf den Vorderflügeln sind größer.
Vorkommen: Weit verbreitet, auf Blumenwiesen, Feldrainen und Waldlichtungen, am häufigsten auf kalkreichen Böden. Von der Meeresküste bis über 2500 m.
Flugzeit: Von Juni bis Anfang September, in einer Generation.
Raupe: Olivgrün bis grauschwarz, die letzten beiden Segmente der Körperunterseite mit zwei weißen Flecken. Der Kopf ist schwarz, mit zwei braunen Längsstreifen. Nachtaktiv, lebt in einem röhrenartigen Gespinst aus Grasblättern, das sie nur nachts zum Fressen verläßt.
Futterpflanzen: Schafschwingel, Rispengras, Quecke und andere Wildgräser.
Puppe: Braune Gürtelpuppe, in einem festen Kokon zwischen Grasstengeln.
Überwinterung: Als Ei, in Bodennähe auf Grasblättern einzeln abgelegt.

Gefährdung

Nicht gefährdet. Eine der häufigsten Arten Europas.

17–24 mm | §

Hummelschwärmer
Hemaris fuciformis
Familie Schwärmer

Aussehen: Kopf und Brust olivgrün, Hinterleib mit breitem, rotbraunem Gürtel. Die Flügel sind kurz nach dem Schlüpfen dicht braun beschuppt (Foto), die Beschuppung geht aber, bis auf den hinteren Saum, bald verloren, so daß sie durchscheinend sind. Die Falter sehen dann aus wie Hummeln, sind aber vollkommen harmlos! Hinterflügel sehr klein.
Vorkommen: Waldränder, Lichtungen, Auen und Parklandschaften; bis ca. 2000 m.
Flugzeit: Von Ende April bis Ende Juni, in einer Generation (im Süden 2). Schwirrt ähnlich wie ein Kolibri vor den Blüten, aus denen er den Blütennektar saugt.
Raupe: Gelbgrün, Stigmen rotbraun umrahmt, das Hinterende wie bei allen Schwärmerraupen mit einem auffälligen Schwanzhorn, der Kopf ist grün.
Futterpflanzen: Heckenkirsche, Geißblatt, Schneebeere u. a.
Puppe: Schwarzbraune Mumienpuppe, mit rotbraunen Einschnitten.
Überwinterung: Als Puppe, am Boden ohne Gespinst, zwischen Blättern.

Gefährdung

In der Roten Liste noch nicht berücksichtigt. Alle europäischen Arten der Gattung sind aber geschützt, da der Bestand rückläufig ist.

18–24 mm

Taubenschwänzchen
Macroglossum stellatarum
Familie Schwärmer

<u>Aussehen:</u> Körper und Vorderflügel graubraun, mit feinen schwarzen Querlinien, Hinterflügel kleiner und gelbrot. Der Hinterleib ist verbreitert, an den Seiten befinden sich schwarz-weiß gezeichnete Haarbüschel.
<u>Vorkommen:</u> Als Wanderfalter in allen Landschaftsbereichen, besonders auf Wiesen mit nektarspendenden Blüten, auf buschigen Südhängen, Heideflächen und Waldrändern.
<u>Flugzeit:</u> Von Ende April bis Oktober in 2 Generationen, ständig Zuwanderer aus dem Süden. Viele Tiere wandern im Herbst wieder südwärts. Als tagaktive Schwärmer fliegen sie sogar in den heißen Mittagsstunden.
<u>Raupe:</u> Grün, mit weißen Längsstreifen, fein weiß gepunktet; das Schwanzhorn ist blau, mit gelber Spitze, der Kopf braun oder grün.
<u>Futterpflanzen:</u> Labkrautarten, selten an Färberröte und Miere.
<u>Puppe:</u> Braungraue Mumienpuppe, in einem Gespinst aus zusammengezogenen Blättern, an der Erde.
<u>Überwinterung:</u> Als Falter, bei uns aber nicht möglich.

Gefährdung

Nicht gefährdet. Regelmäßige, häufige Zuwanderung aus dem Süden.

17–19 mm |  | §

Weißfleck-Widderchen
Syntomis phegea
Familie Widderbären

Aussehen: Körper und Flügel schwarz, mehr oder weniger blau glänzend, mit weißen Flecken, 1. und 5. Hinterleibssegment mit gelbem Ring. Den eigentlichen Widderchen sehr ähnlich, Fühler aber fadenförmig, Hinterflügel viel kleiner als Vorderflügel, in Ruhestellung werden beide Flügel seitlich abgespreizt (Foto: Paarung).
Vorkommen: Bevorzugt in trokkenen, sonnigen und vegetationsreichen Biotopen. Nördlich der Alpen nur vereinzelt.
Flugzeit: Von Mitte Mai bis Ende August, je nach Klima, in einer Generation.
Raupe: Grau, mit Büscheln von kurzen, gefiederten, grauen Haaren; der Kopf ist hell rotbraun. Fressen mit Vorliebe welke Pflanzenteile. Polyphag.
Futterpflanzen: Löwenzahn, Taubnessel, Wegerich und viele andere krautige Pflanzen.
Puppe: Braune Mumienpuppe, in einem Gespinst am Boden.
Überwinterung: Als Raupen, in gemeinsamen Gespinstnestern.

Gefährdung

Stark gefährdet, durch Biotopverluste der vegetationsreichen Trokken- und Halbtrockenrasen (Nutzungsintensivierung, Mahd und Aufforstung).

14–16 mm  

Schlehenspinner
Orgyia antiqua
Familie Trägspinner

Aussehen: Flügelfarbe des Männchens rostbraun, mit dunklen Querstreifen und einem weißen Fleck am Innenwinkel der Vorderflügel, die Fühler sind stark gefiedert. Weibchen praktisch flügellos, graubraun, wollig beschuppt, nur kurze Fühler.
Vorkommen: In Busch- und Baumbeständen, Waldrändern und Parklandschaften. Die Männchen schwärmen tagsüber auf der Suche nach den Weibchen, die auf ihren Kokons sitzen und Lockstoffe verströmen. Auf den Kokons werden auch die Eier abgelegt.

Flugzeit: Von Juni bis Juli und August bis Oktober, in 2 Generationen (im Norden nur eine).
Raupe: Schwarzgrau, bunt gefärbt, mit Büscheln grauweißer Haare; auf dem Rücken befinden sich vier bürsten- bis pinselartige, gelbe oder braune Haarbüschel. Die Haare können einen juckenden Ausschlag verursachen.
Futterpflanzen: Fast alle Laubhölzer und viele Sträucher.
Puppe: Gelbgrau, an Zweigen oder in Rindenritzen, im Gespinst.
Überwinterung: Als Ei, auf der Außenseite des leeren Kokons.

Gefährdung

Nicht gefährdet. Die Art ist weit verbreitet und häufig.

19–25 mm  

Rotrandbär

Diacrisia sannio

Familie Bärenspinner

Aussehen: Kopf, Körper und Vorderflügel des Männchens kräftig ockergelb, Hinterflügel heller gelblich mit dunkler Randbinde. Vorderflügel mit großem, rotem Mittelfleck und ebenso rötlichem Außen- und Innenrand. Weibchen gelbbraun, mit rotbraunem Mittelfleck, Hinterflügel von der Basis bis zur Mitte schwärzlich und ebensolcher Binde vor dem Hinterrand.
Vorkommen: Bruchwälder, Flußauen, Moorwiesen, feuchte Waldlichtungen, bis ca. 2500 m.
Flugzeit: Meist eine Generation im Mai und Juni, in warmen Lagen auch eine zweite Generation im August und September. Die Männchen sind tag- und nachtaktiv, die Weibchen fliegen dagegen äußerst ungern.
Raupe: Dunkel rotbraun bis schwarzbraun, mit Büscheln brauner Haare und breitem, gelbbraunem, weiß gefleckten Rückenstreifen. Die Raupen sind nachtaktiv und polyphag.
Futterpflanzen: Löwenzahn, Labkraut und viele andere Pflanzen.
Puppe: Glänzend rotbraune Mumienpuppe, in weichem Kokon an der Basis der Futterpflanze.
Überwinterung: Als junge Raupe.

Gefährdung

Nicht gefährdet. Die Art ist weit verbreitet und nicht selten.

21–26 mm

Russischer Bär

Euplagia quadripunctaria

Familie Bärenspinner

Aussehen: Vorderflügel schwärzlich mit gelbem Innenrand und schräg bzw. quer verlaufenden, weißen Streifen. Hinterflügel kräftig zinnoberrot mit großen, schwarzen Flecken. Die roten Hinterflügel werden bei Gefahr als Warnung gezeigt. Die Fühler sind lang und dünn.
Vorkommen: Bevorzugt schattige und wasserreiche Stellen innerhalb warmer bis heißer Landschaftsbereiche, z. B. Steinbrüche oder Böschungen; vom Flachland bis in mittlere Höhenlagen.
Flugzeit: Von Juli bis September, in einer Generation. Die Falter sind tag- und nachtaktiv.
Raupe: Schwarz, mit dünnen grauen bis braunen Haarbüscheln, die auf orangebraunen Warzen sitzen; orangegelbes Rükkenband mit charakteristischem Warzenmuster. Die Raupen sind polyphag und nachtaktiv.
Futterpflanzen: Breites Spektrum krautiger Pflanzen wie Taubnessel und Weidenröschen; nach der Überwinterung vor allem Haselnuß, Himbeere, Brombeere.
Puppe: Mumienpuppe, in lockerem Gespinst in der Blattstreu.
Überwinterung: Als junge Raupe.

Gefährdung

Nicht gefährdet. Aber nur inselartig verbreitet; Bestand rückläufig.

28–45 mm | §

Nagelfleck
Aglia tau
Familie Augenspinner

Aussehen: Oberseite orangebraun, mit einem großen, schwarz umringten, dunkelblauen Augenfleck, mit je einem weißen, nagelförmigen Kern. Die Falter sind unverwechselbar.
Vorkommen: Lichte Buchenwälder oder Laubmischwälder mit alten Buchen, in denen die Falter bestimmte Fluggebiete einhalten. Die Männchen suchen an sonnigen Vormittagen nach den an Blättern oder am Stammboden sitzenden Weibchen.
Flugzeit: Je nach der Wetterlage von Ende März bis Anfang Juni, in einer Generation.
Raupe: Oberseits gelblich grün, Unterseite blaugrün, mit einer Reihe von weißlichen Diagonalstreifen. Die jungen Raupen tragen auf dem Rücken bizarre, geweihartige Dornen und leben gesellig, später einzeln in den Baumwipfeln. Zur Verpuppung seilen sich die Raupen zum Boden ab.
Futterpflanzen: Vor allem das Laub von Buche, aber auch Eiche, Linde und Birke.
Puppe: Schwarzbraun und ohne Glanz, mit schaufelförmigem Kremaster.
Überwinterung: Als Puppe, unter altem Buchenlaub am Boden.

Gefährdung

Nicht gefährdet. Erscheint regelmäßig, in manchen Jahren häufig.

16–20 mm

Gamma-Eule

Autographa gamma

Familie Eulenfalter

Aussehen: Vorderflügel grau- bis violettbraun, fein gezeichnet, mit einem silbrigglänzenden, γ-förmigen Fleck; Hinterflügel gelbgrau. In Ruhestellung werden die Flügel dachförmig zusammengeklappt. Die Fühler sind lang und fadenförmig. Von ähnlichen Arten durch die dunkel gerandeten Hinterflügel unterschieden.

Vorkommen: In Kultur- und Brachland: Gärten, Felder, Wiesen, Laubwälder und Auengehölze; als Wanderfalter fast überall; die tag- und nachtaktive Gamma-Eule besucht gerne Blüten.

Flugzeit: Von Anfang April bis Ende September, je nach Einwanderung, oft in mehreren Generationen; der Rückflug in den Süden beginnt ab Juli.

Raupe: Variabel gefärbt, grün bis dunkelgrau, mit weißem Seitenstreifen und nur drei Paar Bauchbeinen. Die Raupe ist polyphag.

Futterpflanzen: Viele Wild- und Kulturpflanzen.

Puppe: Grünschwarze Mumienpuppe, in lockerem Gespinst, zwischen Blättern.

Überwinterung: Als Falter, bei uns aber nicht möglich.

Gefährdung

Nicht gefährdet. Als Wanderfalter eine der häufigsten Arten Europas.

12–15 mm

Klee-Bunteule
Euclidia mi
Familie Eulenfalter

Aussehen: Lebhaft gemustert, mit weißen Querlinien und rotbraunen Querbinden; Hinterflügel dunkelbraun, mit weißen Flecken. Fühler sind fein und fadenförmig. Sieht auf den ersten Blick einem Dickkopffalter sehr ähnlich, kann aber leicht durch die Fühlerform unterschieden werden.
Vorkommen: In Wiesen, Lichtungen, Brachflächen und an Waldrändern; in den Bergen bis ca. 1700 m.
Flugzeit: Von April bis Juni und August bis September in zwei Generationen, in den Bergen nur eine Generation.

Raupe: Lang und schlank, mit nur drei Paaren Bauchbeine, blaß okkerfarben, die Zeichnung erscheint als eine Anzahl feiner, brauner Linien; der Kopf ist ebenfalls gestreift. Bei Störung läßt sich die Raupe zusammengerollt fallen.
Futterpflanzen: Klee, Wicke, Honig- und Steinklee, Ampfer, Luzerne und Wildgräser.
Puppe: Blau bereifte Mumienpuppe, in feinem Gespinst am Boden.
Überwinterung: Als Puppe in einem Kokon an Blättern oder Grashalmen nahe am Boden.

Gefährdung

Nicht gefährdet. In ganz Europa weit verbreitet und häufig.

24–45 mm  

Eichenspinner
Lasiocampa quercus
Familie Glucken

Aussehen: Oberseite des Männchens dunkelbraun, mit gelbem Querband auf jedem Flügel; Vorderflügel in der Mitte mit weißem Fleck, Hinterflügelsaum mit gelben Fransen; die Fühler sind lang gekämmt. Das Weibchen ist deutlich größer, ockergelb; die Fühler sind sehr kurz gekämmt; ansonsten wie das Männchen.
Vorkommen: Weit verbreitet; lichte Wälder, Heide, Moore, buschiges Gelände.
Flugzeit: Von Ende Mai bis September, in einer Generation.
Raupe: Dunkel- bis schwarzbraun, mit Büscheln graubrauner Haare (diese sind sehr scharf und können in der Haut des Menschen Entzündungen verursachen), weiße Rückenflecken und rötliche Zeichnung. Die Raupen sind polyphag.
Futterpflanzen: Zahlreiche Laubbäume und Sträucher.
Puppe: Schwarzbraun, dick, mit helleren Einschnitten, in großen ovalen Kokons am Boden oder zwischen Zweigen der Futterpflanze.
Überwinterung: Als junge Raupe oder als Puppe (bis zweimal).

Gefährdung

Nicht gefährdet. Lokal häufig; bei uns in Mitteleuropa aber rückläufig.

25–45 mm | § |

Birkenspinner
Endromis versicolora
Familie Frühlingsspinner

Aussehen: Grundfarbe braun mit charakteristischen weißen und schwarzen Zeichnungen, unverwechselbar. Weibchen wesentlich größer als Männchen, das an den stärker doppelt gefiederten Fühlern zu erkennen ist.
Vorkommen: In Birkenbeständen oft recht häufig, aber auch an Waldrändern und Mooren fliegen die Männchen an sonnigen Frühlingstagen, während die nacht- und dämmerungsaktiven Weibchen an Zweigspitzen sitzen. Die schwärmenden Männchen werden von Lockstoffen der Weibchen angelockt. Nach der Kopulation setzt das Weibchen die Eier in kurzen Doppelreihen an Birkenzweigen ab (Foto rechts).
Flugzeit: März bis Mitte Mai.
Raupe: Jungraupen schwarz gefärbt, werden später leuchtend grün. Sie leben in kleinen Gesellschaften meist an Birken, wobei sie in Ruhestellung den Vorderkörper abheben (Foto).
Futterpflanzen: Hauptsächlich Birke, aber auch Erle und andere Laubbäume.
Puppe: Dunkelbrauner Kokon.
Überwinterung: Als Puppe.

Gefährdung

Kaum gefährdet. Früher allerdings häufiger, wegen des Rückgangs der Birkenbestände aber spärlicher.

11–15 mm

Klee-Nacktbeinspanner
Semiothisa clathrata
Familie Spanner

Aussehen: Grundfarbe der Flügel gelblich und weiß, mit schwarzbrauner Gitterzeichnung; Fransen der Flügel weiß und dunkelbraun gescheckt. Hinterleib weiß geringelt, die Fühler sind dünn fadenförmig. Sehr variabel.
Vorkommen: Häufig, auf Grasland, Feldern, Heiden und Kleeäckern. Die Falter sind tag- und nachtaktive Blütenbesucher.
Flugzeit: Von April bis September in zwei nicht genau trennbaren Generationen.
Raupe: Grün, sehr schlank, mit weißen Rückenlinien und einem breiten, weißen Streifen entlang der Atemöffnungen. Unterseite mit feinen dunklen Längslinien. Aus den im Mai abgelegten Eiern schlüpfen die Raupen, die sehr schnell wachsen und schon im Juli die Falter der 2. Generation ergeben. Die etwa im August schlüpfenden Raupen der 2. Generation verpuppen sich im Herbst, und im folgenden Frühjahr (April oder Mai) schlüpfen die Falter.
Futterpflanzen: Verschiedene Kleearten und Luzerne.
Puppe: Braune Mumienpuppe.
Überwinterung: Als Puppe, in einer Erdhöhle.

Gefährdung

Nicht gefährdet. In Europa weit verbreitet und häufig.

11–13 mm

Gelbgebänderter Flachstirnspanner

Psodos quadrifaria

Familie Spanner

Aussehen: Flügeloberseite schwarzbraun, mit sehr breiten, orangegelben Querbändern vor dem Außenrand; der Fransensaum ist dunkel graubraun. Die Fühler sind in beiden Geschlechtern borstenförmig und beim Männchen kurz bewimpert. Die Stirn ist nur schwach gewölbt (daher der Name!). Die Flügel werden in Ruhestellung ausgebreitet und flach an die Unterlage gedrückt.

Vorkommen: Im Riesengebirge, in den Karpaten und in den Alpen auf alpinen Wiesen und in der Knieholzzone, von 900 bis 2700 m. Gehört zu den Hochgebirgsspannern, die in den europäischen Gebirgen inselartig auftreten.

Flugzeit: Von Juni bis August, in einer Generation.

Raupe: Gedrungen, zylindrisch und nach hinten nur schwach abgeplattet; braun, an den Seiten heller, mit dunkler Rückenlinie und schwarzen Schrägstrichen; auf dem 11. Segment mit zwei kleinen höckerartigen Erhebungen.

Futterpflanzen: Niedere Pflanzen.

Puppe: Hellrot; mit gelben, dunkel geaderten Flügelscheiden.

Überwinterung: Als Raupe.

Gefährdung

Nicht gefährdet. Die Art ist allerdings wenig erforscht.

14–20 mm | §

Erdeichel-Widderchen
Zygaena filipendulae
Familie Widderchen

Aussehen: Grundfarbe der Vorderflügel blauschwarz, oft grün schillernd, mit sehr großen, karminroten Flecken, die in Paaren angeordnet sind und meist nicht zusammenfließen. Die Hinterflügel sind ganz karminrot, mit schmalem, schwarzem Saum. Die Fühler sind lang, mit verlängerten Keulen.
Die auffällige Färbung signalisiert die Ungenießbarkeit der Widderchen (Warnfarbe).
Vorkommen: In offenem Gelände, Wiesen, Magerrasen, sonnigem Brachland, an Waldrändern, aber auch auf feuchten Wiesen; in den Alpen bis über 2000 m Höhe.
Flugzeit: Im Juli und August, in einer Generation.
Raupe: Asselförmig, gelblich, mit einer Doppelreihe schwarzer Flecken auf dem Rücken, an der Seite eine weitere, schmälere Fleckenreihe; auf kleinen Warzen sitzen Büschel kurzer Haare.
Futterpflanzen: Hornklee und andere krautige Pflanzen.
Puppe: Schwarze Zygaeniden-Puppe mit freien Gliedmaßen, in einem gelben, spindelförmigen, typischen Kokon, der an Grashalmen befestigt ist (Foto).
Überwinterung: Als junge Raupe.

Gefährdung

Nicht gefährdet. Die Art war früher häufiger; Bestand rückläufig.

13–15 mm | [habitat icon] | §

Kronwicken-Widderchen
Zygaena achilleae
Familie Widderchen

Aussehen: Vorderflügel schwarzblau oder grünlichgrau, mit zwei roten, länglichen Flecken an der Basis, zwei roten Flecken in der Mitte und einem größeren roten, nierenförmigen Fleck am Vorderrand; Hinterflügel rot mit schwarzem Saum.
Vorkommen: In Mitteleuropa weit verbreitet, fehlt aber in Norddeutschland; an warmen, trockenen Stellen, besonders auf Kalkboden, in den Alpen bis über 2000 m.
Flugzeit: Von Mai bis August, je nach Klima, in einer Generation.
Raupe: Grünlichgelbe „Zygaeniden-Assel“, mit weißlicher Rückenlinie und dunkleren Seitenlinien, daneben schwarze Doppelpunkte, diese unten mit großen gelben Flecken; schmaler, weißlicher Fußstreifen; fein gelblich behaart; nachtaktiv.
Futterpflanzen: Hufeisenklee, Bunte Kronwicke, Tragant- und Esparsetten-Arten.
Puppe: Schwarz, die letzten Segmente des Hinterleibes sind gelb; die Verpuppung erfolgt in einem silberweißen, stark gewölbten Zygaeniden-Kokon, der an Grasstengel geheftet wird.
Überwinterung: Als Raupe.

Gefährdung
Laut Roter Liste potentiell gefährdet.

10–12 mm | §

Randfleck-Widderchen
Zygaena fausta
Familie Widderchen

Aussehen: Grundfarbe der Vorderflügel schwarz, die fünf großen Flecken kräftig hellrot, breit gelblichweiß eingefaßt und dadurch zusammenfließend; der schwarze Flügelanteil ist somit weit zurückgedrängt. Hinterflügel rot-orange mit schwarzem Saum, Brust mit weißen Längslinien. Sehr variabel mit zahlreichen Unterarten.
Vorkommen: Diese mediterrane Art kommt in Deutschland sehr lokal an warmen, sonnigen Stellen mit Kalkboden und spärlicher Vegetation vor. Das Randfleck-Widderchen fehlt in Norddeutschland.
Flugzeit: Von Juli bis August, in einer Generation.
Raupe: Hellgrün, mit feinen, braunen Rückenlinien und weißlichgelben Längsstreifen. In jedem Segment ist ein größerer und kleinerer schwarzer Fleck, Kopf und Hinterende rotbraun.
Futterpflanzen: Verschiedene Kronwicken-Arten.
Puppe: Olivbraun, vorn dunkler; in weißlichem, typischem Zygaeniden-Kokon, dicht am Boden.
Überwinterung: Als junge Raupe.

Gefährdung

Gefährdet durch Rebflurbereinigung und Grünlandintensivierung. Die Art besitzt von Natur aus ein sehr eingeschränktes Verbreitungsareal.

12–16 mm | §

Esparsetten-Widderchen

Zygaena carniolica
Familie Widderchen

Aussehen: Grundfarbe der Vorderflügel blauschwarz, grün schillernd, mit sechs roten, gelblich weiß eingefaßten, nicht zusammenfließenden Flecken, der äußerste langgestreckt. Hinterflügel rot, schmal schwarz gesäumt. Hinter dem Kopf zwei gelbe Halskrausen; der Hinterleib mit einem breiten, roten Ring.
Vorkommen: In Europa sehr lokal; auf trockenen Wiesen, sonnigen Magerrasen, zwischen Gebüsch oder lichtem Baumbestand, auf kalkreichem Boden. Die Art fehlt in Norddeutschland und im nördlichen Alpenvorland.
Flugzeit: Von Juni bis August, in einer Generation.
Raupe: Hell blaugrüne „Zygaeniden-Assel“, fein schwarz punktiert, mit schwarzen Flecken und hellen, breiten Längsstreifen, weißlich behaart; der Kopf und die Bauchfüße sind braun.
Futterpflanzen: Vor allem Hornklee und Esparsette.
Puppe: Schwarzbraun, mit gelbem Hinterleib, in kugeligem, gelblichem Kokon, an Blättern oder Stengeln der Futterpflanze.
Überwinterung: Als junge Raupe.

Gefährdung

Potentiell gefährdet durch Zerstörung und Beseitigung der Habitate, in Verbindung mit Insektizid- und Düngemitteleinsatz.

14–16 mm			§

Thymian-Widderchen
Zygaena purpuralis
Familie Widderchen

Aussehen: Grundfarbe der Vorderflügel grauschwarz, etwas durchscheinend und manchmal grünlich schillernd, mit drei großen Längsflecken. Hinterflügel rot, auch etwas durchscheinend, mit schmalem, schwarzem Saum. Wie bei den meisten Widderchen sind viele Unterarten und Variationen beschrieben worden.
Vorkommen: In Europa weit verbreitet, besonders auf Heide- und Moorwiesen, grasbestandenen Hängen; in den Alpen bis ca. 2200 m. Fehlt in Nordwestdeutschland.
Flugzeit: Fliegt von Mitte Juni bis Anfang August, in 1 Generation.
Raupe: Gelblich oder bläulichweiß, oberseits olivgrün; Rücken stark gewölbt, mit zwei Reihen schwarzer Flecken; Kopf, Füße und Stigmen schwarzbraun.
Futterpflanzen: Ausschließlich Thymian (*Thymus serpyllum*).
Puppe: Braun, hinten gelb; in einem rundlichen, silbergrauen Kokon am Boden, an Steinen oder Grashalmen.
Überwinterung: Als junge Raupe, manchmal zweimal. Die Raupen fressen wieder im Frühjahr und sind Ende Mai ausgewachsen.

Gefährdung

Potentiell gefährdet. Die Art war früher häufiger; Bestand rückläufig.

11–13 mm | §

Grün-Widderchen

Adscita (= *Procris*) *statices*

Familie Widderchen

Aussehen: Oberseite der Vorderflügel leuchtend metallisch grün, Hinterflügel braun. Der Kamm der Fühlerspitze ist verschmolzen, so daß die Fühler kolbenförmig erscheinen. Bei den Weibchen schwankt die Flügelgröße erheblich. Es gibt noch 6 weitere, sehr ähnliche Arten, die nur vom Fachmann genau bestimmt werden können.

Vorkommen: In ganz Europa auf Wiesen, Heiden, Feuchtgebieten, in Niederungen und an Waldrändern überall verbreitet und häufig; im Gebirge bis ca. 1500 m.

Flugzeit: Fliegt von Mai bis August, in einer einzigen Generation.

Raupe: Matt ockerfarben bis grünlichweiß, fein schwarz gefleckt, mit rötlichem Seitenstreifen und kleinen Haarbüscheln auf bräunlichen Warzen. Der Kopf ist schwarz und in den Körper zurückgezogen.

Futterpflanzen: Verschiedene Ampferarten (*Rumex acetosella* und *R. acetosa*).

Puppe: Blaßbraun; Verpuppung in weißlichem Kokon an der Erde, unter Blättern oder am Stengel der Futterpflanze.

Überwinterung: Als junge Raupe, an der Futterpflanze.

Gefährdung

Nicht gefährdet. Die Art war früher häufiger; Bestand rückläufig.

13–16 mm

Schlehen-Geistchen
Pterophorus pentadactylus
Familie Federgeistchen

Aussehen: Ganz seideglänzend schneeweiß, mit einzelnen, eingestreuten, schwarzen Schuppen. Die Vorderflügel sind an den Kanten mit langen Fransenschuppen besetzt und gleichen deshalb Federn. In Ruhestellung werden die Flügel zusammengefaltet und stehen rechtwinkelig vom Körper weg. Die auffallend langen Hinterbeine werden dabei nach rückwärts angehoben.
Vorkommen: Überall und weit verbreitet, in Feldern, ungemähten Wiesen, Gärten, Hecken und buschigem Gelände.
Flugzeit: Von Mai bis September, in einer Generation. Die Falter sitzen tagsüber in der Bodenvegetation.
Raupe: Spindelförmig, blaßgrün, mit weißen, auf den Rückenwarzen bräunlichen Haaren, Kopf gelblich.
Futterpflanzen: Winden, Klee, Schlehen und Rosen.
Puppe: Schmutzigweiß bis grünlich, schlank, mit drei Längsreihen brauner Flecken auf dem Rücken und langen, weißen Borsten auf den Warzen; unter einem Blatt.
Überwinterung: Als junge Raupe an Acker- und Ufer-Zaunwinde.

Gefährdung

Nicht gefährdet. Eine in ganz Europa häufige Art.

11–14 mm

Geistchen
Platyptilia gonodactyla
Familie Federgeistchen

Aussehen: Vorderflügel grau- bis rötlichbraun mit verstreuter weißer Beschuppung, am Vorderrand ein dunkelbrauner, dreieckiger Fleck, der außen von einer weißen Linie begrenzt wird. Vor dem Saum befindet sich eine helle Linie, die über beide Flügellappen verläuft. Fransen der Vorderflügel mit 2, die der Hinterflügel mit einem braunschwarzen Flecken. Von den braunen Federgeistchen gibt es sehr viele Arten, deren Unterscheidung nur einem Spezialisten gelingt.
Vorkommen: Weit verbreitet und häufig, Felder, Äcker, feuchte und waldlose Stellen, vor allem an Wasserläufen.
Flugzeit: Im Mai und Juni sowie von Juli bis September, in zwei Generationen.
Raupe: Grünlichweiß, dick, mit feinen schwarzen Warzen, rötlichen Linien und Flecken.
Futterpflanzen: Huflattich und Pestwurz.
Puppe: Grünlichweiß oder -gelb, mit zahlreichen Fleckenreihen, an der Blattunterseite oder den Stengeln.
Überwinterung: Raupe der 2. Generation bis Anfang Mai in Blütenstengeln der Futterpflanze.

Gefährdung

Nicht gefährdet. Eine der häufigen einheimischen Arten.

11–16 mm

Wasserzünsler
Nymphula nympheata
Familie Zünsler

Aussehen: Silbrig glänzend weiß, mit mehr oder weniger ausgeprägter, gelbbrauner Zeichnung.
Vorkommen: Weit verbreitet, an Teichen, Weihern und Seeufern mit üppiger Vegetation sowie Schwimmblattpflanzen.
Flugzeit: Von Ende Mai bis Juni und von Anfang August bis Mitte September in zwei Generationen (im Norden nur eine Generation).
Raupe: Gelblich bis olivbraun, mit braunem Kopf und drei dunklen Längslinien. Sie lebt unter Wasser und miniert als junge Raupe in Stengeln und Blättern; später verspinnt sie zwei ausgeschnittene Blattstückchen zu einem flachen Kokon, in dem sie sich – ebenfalls unter Wasser – auch verpuppt.
Futterpflanzen: Seerose, Teichrose, Laichkraut, Seekanne, Wasserknöterich und Igelkolben.
Puppe: In der Puppenhülle sammelt sich Luft, die der ausschlüpfende Falter unter die Flügel nimmt und dadurch zur Wasseroberfläche getrieben wird.
Überwinterung: Als Raupe im Blattköcher, am Gewässergrund. Im Frühjahr steigt sie wieder nach oben, frißt und legt immer größer werdende Köcher an.

Gefährdung

Nicht gefährdet. Die Art kann neue Kleingewässer rasch besiedeln.

Register

10–13 mm

Graszünsler
Catoptria conchella
Familie Zünsler

Aussehen: Vorderflügel bräunlich ockergelb, Innenrand blaßgelb; mit einer schneeweißen, schräg unterbrochenen, am Ende zugespitzten Längsbinde. Hinterflügel braungrau.
Die Zünsler sind eine sehr formenreiche Familie, deren Bestimmung meist nur durch Fachleute möglich ist. Viele Arten tragen in Ruhestellung die Flügel steil dachartig über dem Körper zusammengefaltet. Oft sind die Lippentaster am Kopf sehr lang, so daß die Falter eine „Schnauze" haben. Graszünsler sitzen an Grashalmen.

Vorkommen: Montane Art, in den Alpen auf Wiesen, bis ca. 2000 m.
Flugzeit: Von Juni bis August.
Raupe: Die Raupen der Graszünsler sind gestreckt, mit großem, glänzendem Kopf und lang beborsteten Punktwarzen; sie leben meist unter Erdmoos in schlauchartigen Gängen zwischen den Graswurzeln, wo auch die Verpuppung erfolgt. Die Raupe des Graszünslers lebt von April bis Mai in Moos an Steinen und alten Bäumen. Raupe, Futterpflanze und Puppe dieser Art sind noch wenig erforscht.

Gefährdung

Keine Angabe möglich, da die Art zu wenig erforscht ist.